アドラー 性格を変える心理学

隐性潜能

"自我启发之父"阿德勒的性格心理学

[日]岸见一郎◎著

渠海霞◎译

机械工业出版社

CHINA MACHINE PRESS

全书共七章。首先，作者指出性格不是不可以改变，而是我们不想改变，并且介绍了阿德勒"性格并非与生俱来，而是自己主动选择的结果"这一观点。其次，作者分别介绍了攻击型、防御型等性格类型，并对其表现形式及其改善方法进行了分析。最后，作者告诉我们一旦性格改变了，我们的人生也会随之发生变化。

　　本书的意图并不是将人的性格进行分类并让人可以对号入座以求安心，不是为了了解自己的性格，而是为了帮助人们更好地认识并完善自我，为此作者还结合具体事例思考了如何改变性格。本书可以帮助我们去认识自己性格中的不完美之处，让我们在清醒地认识自我的基础上鼓起勇气去改变，下定决心去践行。那么，让我们跟随作者去更好地了解他人、认识自我，收获更加和谐的生活与更加完美的自己吧！

Original Japanese title: ADLER SEIKAKU O KAERU SHINRIGAKU by Kishimi Ichiro
Copyright © 2021 Kishimi Ichiro
Original Japanese edition published by NHK Publishing, Inc.
Simplified Chinese translation rights arranged with NHK Publishing, Inc.
through The English Agency (Japan) Ltd. and Shanghai To-Asia Culture Co., Ltd.

北京市版权局著作权合同登记　图字：01-2021-4233 号。

图书在版编目（CIP）数据

隐性潜能. "自我启发之父"阿德勒的性格心理学 /
（日）岸见一郎著；渠海霞译. — 北京：机械工业出版
社，2024.11
　ISBN 978-7-111-55581-0

　Ⅰ.①隐⋯　Ⅱ.①岸⋯　②渠⋯　Ⅲ.①个性心理学–
通俗读物　Ⅳ.①B84-49

中国版本图书馆CIP数据核字（2022）第017392号

机械工业出版社（北京市百万庄大街22号　邮政编码100037）
策划编辑：坚喜斌　　责任编辑：坚喜斌　李佳贝
责任校对：李　伟　李　杉　责任印制：刘　媛
唐山楠萍印务有限公司印刷
2025年1月第1版第1次印刷
170mm×242mm·13.5印张·1插页·123千字
标准书号：ISBN 978-7-111-55581-0
定价：55.00元

电话服务　　　　　　　　　　网络服务
客服电话：010-88361066　　　机 工 官 网：www.cmpbook.com
　　　　　010-88379833　　　机 工 官 博：weibo.com/cmp1952
　　　　　010-68326294　　　金 书 网：www.golden-book.com
封底无防伪标均为盗版　　机工教育服务网：www.cmpedu.com

在读《隐性潜能："自我启发之父"阿德勒的性格心理学》时，我不禁想起了第一次阅读阿德勒的《自卑与超越》以及岸见一郎写的《被讨厌的勇气》和《幸福的勇气》时的感受。

这三本书都是关于阿德勒心理学的。

阿德勒，与弗洛伊德、荣格并称心理学三巨头，是个体心理学的创始人和人本主义心理学的先驱，有"现代自我心理学之父"之称。

从之前阅读的阿德勒的书里，我理解了每个人或多或少都有自卑情结，而唯一正确的能够超越自卑的方法就是把自己的价值与社会的价值联系在一起。我认识到每个人的生活一定要过得有意义，没有意义是很难完成自我超越的。我认识到世界如此简单，我们可以随时获得幸福。我也认识到决定我们的不是"经验本身"，而是"我们赋予经验的意义"。我还认识到要用"课题分类"的方法，把自己和别人的人生课题区分开来……

这些思想和方法都很了不起，也足以对一个人的人生产生很大的影响，所以我也为本书的面世而感到激动。

在本书中，阿德勒的研究者岸见一郎把阿德勒关于性格、情绪的思想放在了一起进行阐述和解释，带我们更深入全面地认识什么是性格和情绪，同时也为我们提供了一个非常好的反思机会。

古希腊哲学家苏格拉底曾说："认识自己是最难的。"虽然难，但我们还是需要认识自己，认识自己的性格，认识自己的情绪。因为，认识自己不仅能够帮我们更好地自爱与自我接纳，更好地做出选择和决策，同时也能帮我们更和谐地与他人相处，从而更好地度过这一生。

所以，认识自己是认知升级与心智成长的重要基石，是我们每一个人获得内在幸福与外在成功的必由之路。

本书的重点内容就与此相关。书中讲述了人的不同类型的性格和情绪，以及这些性格和情绪形成的原因、特点、表现及带来的影响。

那么，到底什么是性格呢？其实，我们很难说清楚性格到底代表着什么。即使是在对它有很多研究的人格心理学中，每个不同的流派也有着不一样的定义。

在阿德勒这里，他给出的定义是：面对某个课题，每个人都有自己较为固定的反应机制和处理模式，这就是性格。性格是在人际关系中，人为了达成目标而进行选择的结果。

"性格"首先是一个社会性概念，是我们在致力于人际关系时"内心一定表现形式的展现"。所以，我们只有在考虑人与周围世界的关联时才会谈到性格。

首先，在阿德勒这里，性格是不能作为个体的内心问题去把握的，相反，要在与他人的关系中去做理解。所以，阿德勒会说，如果不去考虑一个人与他人或周围世界是怎样进行关联的，那就无法理解性格。他认为，人是在与他人的人际关系中随时选定自己的性格的。比如，你在与某个人的人际关系中易怒，但是你在与其他人的关系中却并非如此。

其次，阿德勒认为性格并非与生俱来，而是"自己选择"的结果，是我们为了达成目标而选择的结果。他认为，如果不是在某种意义上对自己具有一定的好处，任何性格都不会被选择。因为，人的一切行为都是根据目标进行设定的。人行事的方法肯定会与目标设定有关系。如果心里不装着一定的目标，人根本无法去想去做。

关于人的"被隐藏的目标"，阿德勒列举了三种类型：一是希望自己比他人优秀的"优越性"，二是想要比他人更具力量的"权力"，三是想要征服他人的"他者征服"。阿德勒指出，人往往认识不到自己的行为是由这些被隐藏的目标所确定的，而这些目标也在很大程度上决定了我们如何选择自己的性格。

那什么又是情绪呢？在阿德勒看来，情绪是性格特征亢进之后的结果。

什么是"亢进"？亢进是指生理机能超过正常水平。也就是说，当性格方面的特征集中爆发时，就会表现为情绪。反过来讲，时常表现出某种情绪的人就会具有某类特定的性格倾向，与此同时，性格也有着制造相应情绪的某些"目的"。

由此可见，阿德勒给出的性格定义和情绪定义，与他之前提出的"目的论"以及"一切烦恼皆来自于人际关系"是紧密相关的。所以，他在研究性格时，是把性格放进了人际关系中去思考的，并认为性格的选择是具有它的目的性的。而当他在研究情绪时，是把情绪与性格紧密联系在一起的。与其他心理学大师相比，在这一点上，阿德勒具有非常明显的独特性。

与弗洛伊德或其他心理学大师一样，阿德勒的心理学思想有着其独到之处，同时也有需要商榷的地方。在这些年的读书过程中，我发现了一件事，那就是，每个伟大的思想者都只能看到或关注到一部分的真相，而非全部的、完整的真相。

所以，作为阅读者和学习者，我们一方面要保持谦恭和空杯的心态去学习和吸收，同时也要把自己不确定或暂时不认可的内容存放在头脑中的某个位置，等待后续获得其他不同角度、不同深度的理论、思想和人生体验时，再来做出修正或补充，并最终形成一套尽乎完整的思想体系。而不是一看到与自己的想法或过往认知不一致的思想，就马上予以反驳、严厉批判。

毕竟，一个心智真正成熟的人，既不会拒绝去学习任何一个重要的思想，同时还能容纳与此完全相反的思想。

艾　菲

《直击本质》的作者、"艾菲的理想"公众号创始人

推荐序二

　　近年来，探讨自我的性格特点成为热点，大家会通过微信或者网络上的一些小程序、小调查来探索自己到底是一个什么样的人。希望能够更深刻地了解自己，并由此开启更成功的职业生涯、更美好的亲密关系或者更好的亲子关系，似乎都与了解自己的性格类型有关。关于性格的研究有很长的历史。从大五人格、九型人格、MBTI（职业人格评估工具）到色彩性格学，以及在心理健康领域被研究者广泛使用的MMPI（明尼苏达多项人格测验）、16-PF（卡特尔16种人格因素问卷）、GHQ（一般健康问卷）等工具，不一而足。本书以非常不一样的视角对性格进行解读，是读者们探索自我人格特点的宝贵资料。

　　在德尔斐阿波罗神庙的入口处，有一句举世皆知的箴言：认识你自己！但是，亘古以来最困难的一件事情就是认识自己。在认识自己的漫长旅程中，性格分类似乎是一条捷径。科学心理学自1879年诞生以来，揭开了人类大脑之谜，将探索人性最幽微之处的图景作为心理学孜孜以求的目标。与弗洛伊德和荣格并称心理学三巨头的奥地利精神科医生、心理学家阿尔弗雷德·阿德勒提出"性格并非与生俱来，而是自己主动选择的结果"这一非常"激进"的观点，并在他 1927 年出版的《个体心理学》一书中详细论述了性格分类及其改变的可能性与方法。

阿德勒的《性格心理学》一书，让诸多对自己不满的普罗大众似乎看到了一线曙光，了解到人生居然还有另外一种可能性。在本书中，作者首先介绍了攻击型、防御型等不同的性格类型，不仅让读者可以"对号入座"，还对其改善方法进行了论述。其次，作者介绍了不同出生位次也会造成性格不同，这在人格心理学领域是共识。本书也探寻了不同出生位次的性格倾向、与父母的互动模式以及自我觉察和改善的可能性。最后，作者介绍了改变性格的要素和对策，并告诉我们要拿出直面人生课题的勇气和决心，去认识并完善自己的性格。每一位读者都可以从以上内容中找到自己的影子。其实，所谓性格类型论的观点，既包含了生物遗传因素，也有后天环境的影响。所谓的"攻击型"，也许包含着强烈的好胜心，而所谓的"防御型"也许是谨慎与仔细的表达模式。情绪不仅具备信号功能，更是人类进化的结果。我们相信一句话：一个人会被过去影响，但不会被过去决定。人永远都有自我决定的可能性。

本书不仅是那些希望能够更深刻地了解自己，并勇于改变的心理学爱好者的必读书目之一，也是心理学专业学生的拓展读物

和心理学教师的推荐书目。另外，心理咨询师也会因为阅读此书
而更好地理解来访者，完成个案概念化的过程。

赵　然

中央财经大学教授

企业与社会心理应用研究所所长

国际 EAP 协会中国分会主席

中国心理学会注册系统督导师

中国心理卫生协会首批认证督导师

倘若问一下"你是否对自己的性格满意",恐怕很多人会给出否定的答案。的确,很多时候我们常常为自己性格中的不完美而苦恼,但一方面又感叹着"本性难移"。这似乎成了一个难以解决的悖论甚至是宿命一样的困惑,就连很多心理学家也认为性格属于天生,后天可以培养的是习惯,但性格却无法改变。那么,我们就真的只能在渴求完美和注定残缺的矛盾中苦恼吗?性格真的不能改变吗?与弗洛伊德和荣格并称为"心理学三大巨头"的奥地利精神科医生、心理学家阿尔弗雷德·阿德勒提出"性格可变论",并在 1927 年出版的《个体心理学》一书的第二部中详细论述了性格分类及其改变的可能性与方法。而本书作者、日本著名哲学家、阿德勒心理学研究者岸见一郎则将阿德勒的《个体心理学》中着重论述"性格"的第二部翻译并出版了日语版本,并将其命名为《性格心理学》。本书便是岸见一郎根据自己对阿德勒性格论的研究所做"性格心理学"讲座(NHK 文化中心京都学习班,2020 年 7 月至 12 月)的汇编。

全书共七章,在第一章"'性格不会变'是真的吗"中,作者首先指出性格不是不可以改变，而是我们不想改变，并且介绍了阿德勒"性格并非与生俱来，而是自己主动选择的结果"这一观点。其次，作者指出人们选择什么样的性格其实具有一定的目的性。这些观点都在某种程度上冲击着我们的既有认知，让我们不禁想要一探究竟，看看作者接下来如何教我们改变性格。于是，在随后的第二章至第五章中，作者分别介绍了攻击型、防御型等性格类型，并对其表现形式及其改善方法进行了分析。"第一个孩子、第二个孩子、最小的孩子、独生孩子——探寻不同出生位次者的性格倾向"的第六章中，作者在分析了"为何兄弟姐妹也会性格迥异"的基础上进一步阐述了第一个孩子、第二个孩子、最小的孩子及独生孩子的性格特点及其父母应该采取的态度。第七章则告诉我们一旦性格改变了，我们的人生也会随之发生变化。在第七章，作者还介绍了改变性格的要素和对策，并告诉我们要拿出直面人生课题的勇气和决心，去认识并完善自己的性格。

正如作者在书中所指出的一样，为性格分类的目的是帮助人们更好地认识并完善自我。其实，每个个体都具有其独一无二的个性，并不能将某个人与某一种性格类型完全契合地加以对应。关于自我认知更是如此，很多时候我们会发现自己身上兼有多种性格特点，就好像作者分析的种种性格表现正是在说自己一样。正因如此，我们阅读这本书才更具有价值。因为它可以帮助我们去认识自己性格中的不完美之处，让我们在清醒地认知自我的基础上鼓起勇气去改变，下定决心去践行。那么，让我们跟随作者

去更好地了解他人、认识自我，收获更加和谐的生活与更加完美
的自己吧！

渠海霞

聊城大学外国语学院教师、北京师范大学文学院在读博士生

2021 年 7 月 27 日

目录

第三章 保守、不安、怯懦
——防御型会逃避课题

第五章 愤怒、悲伤、羞耻
——情绪是性格的亢进

第七章 如果改变了性格，人生也会改变

01
Chapter

第一章
"性格不会变"是真的吗

事实是不想改变

我做了这么长时间的心理咨询工作，感觉有非常多为"性格"苦恼的人。

当我问来进行心理咨询的人"你喜欢自己吗"这个问题的时候，大多时候会得到"不怎么喜欢"或者"非常讨厌"之类的回答。根本没有人说"我的苦恼是因为性格开朗而导致朋友太多"这样的话。几乎可以说全都是因为性格阴郁而无法积极与人交往，导致没有朋友的人。

曾经有一位女初中生来进行心理咨询。她有一个孪生姐姐。咨询的时候她几乎不想与我目光相对。面对这个声音微弱的内向孩子，我提出了下面这样的问题。

"你姐姐是不是很开朗，朋友也多啊？"

"是的，姐姐的性格的确与我正相反。可是，您并未见过她，怎么会知道姐姐的事情呢？"

"这并不难。你刚刚不就说'正相反'吗？是你自己决定要以与姐姐完全相反的性格去生活的呀。"

"我决定？性格不是天生的吗？"

"不是。你想改变自己的性格吗？"

"当然想。"

"假如性格是天生的，那你的性格不就无法改变了吗？"

"那倒是。那么，我能够改变性格吗？"

"能。但是，并不简单。"

"为什么不简单呢？"

"因为你自己并不想改变性格。"

"哎？等等！这是怎么回事啊？请您说得明白一些！"

事后，这对孪生姐妹的母亲过来说了下面这样的话。

"两个人的性格截然不同。"

"您是为此苦恼吗？"

"虽然谈不上苦恼，可是……"

"可是？"

"妹妹或许有点儿缺乏朝气……跟活泼的姐姐不同，她常常一个人待着，还时不时地叹气……"

"您很担心吧？"

"是的。"

"妹妹这么做似乎是为了引起您的关注啊。"

"关注？"

"是的，您总是为此而担心吧？"

"是啊，但她为什么一定要这么做呢？"

"这个……"

开场白就讲到这里，本书会谈一些令很多人担心的"性格"，让这位初中生及其母亲也能够理解。

关于《性格心理学》

奥地利精神科医生、心理学家阿尔弗雷德·阿德勒（1870—1937）于 1927 年出版了《理解人性》这本书。阿德勒与弗洛伊德和荣格并称为"心理学三大巨头"。因为学说相异而与弗洛伊德决裂，之后构筑了自己的"个体心理学"理论。根据他在维也纳弗鲁科斯大厦（国民集会场所）举行的讲座编成的书就是《理解人性》。弗鲁科斯大厦是奥地利首个成人教育中心，由于听讲者大多并非专家，所以阿德勒尽量不使用专业术语。

在《理解人性》第二部中，阿德勒论述了"性格"。我翻译出版了该书的第二部，并命名为《性格心理学》。这本书的内容是分析性格并探索其改善的方向，是阿德勒唯一的关于性格的论著。

本书虽然是依据《性格心理学》展开论述（以下引用未标明出处的均来自《性格心理学》），但并非为了介绍阿德勒的思想，偶尔也会对其进行批判。

当然，阿德勒心理学是否提出了正确见解还必须经过验证，但希望大家首先能够了解的是：在将性格放在人际关系中进行思考并认为性格选择具有目的性这一点上，阿德勒的性格论具有完全不同于其他心理学的切入点。

如何看待性格

那么，阿德勒是如何思考性格的呢？对于这个问题，本书将展开详细介绍，此处将其要点总结如下。

阿德勒认为"性格并非与生俱来"。假如性格是天生的，那就无法改变。如此一来，无论是教育还是治疗便都没有意义了。因为教育和治疗的前提都是人可以改变。

性格并非与生俱来，而是自己选择的结果。并且，这种选择绝不是偶然行为，而是具有一定的目的性。如果不是在某种意义上对自己具有一定的好处，任何性格都不会被选择。拿前面提到的那位初中生来讲，选择阴郁性格对她来说就具有好处。不过，这种选择也并不是有意识进行的，因此，即使指出其背后的选择目的，多数情况下也会遭到否认甚至是强烈抗拒。

如果性格是自我选择的话，那就可以改变。但是，改变性格并不容易。因为，一旦改变了性格，就很难预料下一个瞬间会发生什么了。

如果选择开朗的性格，会发生什么呢？或许会积极地与人交往。也可以说为了能够积极地与人交往才选择开朗的性格，但如此一来又会产生新的烦恼。正如阿德勒所说，"一切烦恼皆为人际关系的烦恼"，与人交往就势必会产生某些摩擦，有时还会因为别人说出难听的话而受伤。倘若遇到这样的事情，不想再与任何人交往的人为了不与人打交道就会选择阴郁的性格。如此一来，就可以抱着"自己都不喜欢自己，别人怎么会喜欢自己呢"这样的悲观心理拒绝与人相处了。

如上所述，性格是在人际关系中被选择出来的。在家人面前、朋友面前和上司面前，人会有着微妙的甚至是相当大的不同表现，这一点相信大家都有所体会吧！因此，我们不可以脱离人际关系孤立地去思考性格。

思考性格时应注意的事项

阿德勒在《性格心理学》中对"性格"进行了非常细致的分类。接下来，本书将在第二至六章中对"性格"按类别进行解说，此处稍微谈一下需要大家注意的事项。

第一，阿德勒在《性格心理学》中对性格进行分类是为了将其作为"更好地理解个体相似性的理性手段"（《阿德勒心理学讲义》）。我曾为高中生讲过心理学，一提到心理学很多人会想到性格诊断或者心理测试。

一谈到性格,大多数学生都听得津津有味,似乎像是在听血型或者星座占卜的话题一样。在讲到某种性格类型的时候,很多人的脑海里会立即浮现出自己熟悉的人,并很快将其性格一一对应起来。当然,也有人会思考自己属于哪种性格类型,试图与某种性格类型对应起来。

但是,每个人都不相同。正如同一棵树上也无法找到两片相同的叶子,世界上也不可能存在完全相同的两个人。阿德勒关心的是站在眼前的活生生的"这个人",而不是普遍意义上的人。

可是,将个体分类这一做法本身就是把人一般化,个体的独特性常常会被忽略掉。并且,一旦将人按照某种类别放在"固定的整理架"上,往往就不想再将其放入"其他架子(分类)"上了。

有一点我们必须要事先理解,那就是:虽然阿德勒也在《性格心理学》中对性格进行了分类,但却是以个体的独特性为前提,所以它完全不同于血型或者星座占卜。一旦忽视了分类目的,就很容易将个体与类别相对应,从而忽略超出类别的个人独特性、个性。

但是,人也并非时常毫无原则地随机行动。每个人都有自己较为固定的行为模式,而这种行为模式往往会不断被重复。假如过于强调每次行动中的无原则和自由意志决断的话,个性或人格反而也就无从谈起了。面对某个课题,每个人都有自己较为固定的反应机制和处理模式,这就是性格。

在前面的引用部分，阿德勒使用了"相似性"这个词语。但这并不是指处理一些诸如身体倦怠或者发烧之类的表面症状，而是说去发现有什么隐蔽症状。这就好比是倘若将其看作"癌症"，就能够积极采取有效措施一样，不个别性地去看待人的行为，而是用诸如"虚荣心"之类的"相似性"来总括性地去看、去思考。这样的做法有助于理解他人，并且倘若有必要的话，也可以使改变性格变得容易一些。

第二，必须了解的是，"分类并非最终目标"。如果有必要的话，改变性格才是将性格分类的目标。倘若能够通过为性格分类理解自身性格的话，或许就能够改变性格。

第三，即便是想要改变性格，但如果没有"如何改变"的目标或者规范，也无法改变。说得更清楚一些就是基于"共同体感觉"的性格。至于其具体是什么意思，我们在第七章中将进行详细考察。总之，任何人都不可能独自生存，所以阿德勒思考性格时依据的一个重要指标就是：是否关心他人并希望对他人有所贡献。

何谓"个体认知"

我们前文已经了解到，《性格心理学》是《理解人性》一书的第二部，《理解人性》这本书的原标题"Menschenkenntnis"的意思是"关于自己和他人的知识"。不过，我们无法脱离开人际关系去认识自己或他人。如果我们能够明白人际关系中的自己或他人的行为方式和目的，就有助于解决人际关系中的问题，必要的话也可以帮助自己改变性格。

了解他人不容易，认识自己更难。对此，阿德勒说了下面的话。

要认识人的本性，就必须彻底丢掉自大和傲慢。为此，必须时刻保持谦虚的态度。

（《理解人性》）

无论是认识自己还是了解他人都是一样的道理。即便认为自己已经懂得了，或许也并未懂得。特别是在对自我的认识方面更是如此。也会有一些时候，我们几乎意识不到自己行为的目的，反而是周围的人看得更清楚。因此，阿德勒说认识自己或他人必须要保持谦虚的态度。

下面我们再来看另一本书中的话。

透彻理解了人之本性的苏格拉底说的"认识自己是最难的"，这句话数千年间一直回响在人们的耳边。

（《儿童教育心理学》）

德尔斐神殿上悬挂着阿波罗的神谕"认识你自己"。或许有人想说自己的事情自己最清楚，但倘若认识自己果真如此容易，神殿上就不会特意悬挂着"认识你自己"的神谕了。

读一下《性格心理学》，你就会知道阿德勒对人的洞察非常深刻。或许很多地方深刻到让你觉得就像是在说自己，有时甚至都想捂住耳朵。

可是，人若不借助镜子就无法看到自己的脸。我们如果能够从阿德勒的话中发现自己，或许就能够加深自我认知并重新审视自己，倘若觉得有必要还可以获得改变自己性格的"勇气"。

最后，在进入第二章之前介绍一下《理解人性》原书英文版译本在美国一经出版销量突破百万册时，出版界老牌新闻杂志《出版人周刊》刊登的整版广告。

"你是否常觉自卑？是否时感不安？是否总觉怯懦？是否不时自大？是否无端屈从？是否相信命运？是否理解邻里？是否了解自己？请找一个夜晚与自己共处！请试着去发现自我！让作为当代最伟大心理学家之一的作者来帮助你学会在正确的场所做正确的事吧！"

02
Chapter

第二章
虚荣、嫉妒、憎恨
——攻击型是有意识地强调

攻击型性格的特征

首先来看一下阿德勒归类为"攻击型"的性格。"虚荣心强烈的性格""好嫉妒的性格""憎恨之情或敌意"等就属于此类。

阿德勒所说的"攻击型"是指认为在与他人的关系中必须取胜，并时不时非难他人等，亦即对他人采取敌对性的态度。具有攻击型性格的人会为了掩盖自己的弱小而夸大自己的强大。

01　虚荣心强烈的性格

何谓虚荣心

首先来谈一下"虚荣心"。感觉"自己虚荣心很强""是追求虚荣的性格"的人请对照着自己来读一下。

所谓虚荣心，总而言之就是指试图将自己展示得比实际上更好。

在虚荣心中，我们可以看到一条"向上的线"。这条线展示出人一般都会感觉自己不完美，继而设定高于实际的大目标，并企图超越他人。

"向上的线"，阿德勒在其他地方将其表述为"优越性追求"，意思就是渴望比别人优越。其背后隐藏的"感觉自己不完美"也表现为"自卑感"。阿德勒虽然认为优越性追求与自卑感是互为表里的关系，并且一般而言人人都有，但同时也表示那些限定为"个人性"的优越性追求是有问题的。

下面介绍一个具体的例子，是关于一个上课时用黑板擦投老师的少年的故事。

当老师面朝黑板写字的时候，有一个少年就会从后面向老师投黑板擦。因为屡次发生这样的事情，所以校长好几次让其回家反省。但是，这个少年依然没有停止向老师投黑板擦的行为。校长向阿德勒说道："尽管对其进行了警告并让其回家反省，但他依然不停止向老师投黑板擦的行为。"但是，阿德勒的看法却与此不同，他说："正因为学校对其向老师投黑板擦这一行为进行警告并令其回家反省，所以他才会继续向老师投黑板擦。"

阿德勒在公开场所对这个少年进行了心理咨询，这在当时受到了极大批判，很多人都认为在众人面前坦白自己的问题实在是太难了。但是，阿德勒指出孩子一旦获得在很多人面前讲话的机会，就会认为在场的人都很看重自己，继而感受到自己的重要性。阿德勒跟少年进行了下面的对话。

"你几岁了？"

"十岁。"

"十岁？十岁的话长得有点小吧？"

这话多少带点儿挑衅意味。听了这话，少年生气地瞪着阿德勒。

"看看我。我作为四十岁的话长得也有点儿小吧？"

众所周知，阿德勒的身材比较短小。阿德勒慎重地选择语言，说出了下面的话。

"矮小的我们必须努力证明自己强大，所以就向老师投黑板擦。是不是这样啊？"

我们可以注意到阿德勒在这里并没有说"矮小的你"。少年低垂着脑袋稍稍耸了一下肩。

"来，看着我！我正在做什么呢？"

阿德勒此时正在用力地踮脚。使劲儿踮脚以让自己看起来高大，然后再放松到原来的站姿。在跟少年这么说的时候，阿德勒重复这个动作好几次。用劲儿踮起脚，再次放松到原来的站姿……

"你知道我这是在做什么吗？"

少年抬头看着阿德勒的脸，阿德勒这么说：

"你想让自己看上去比实际更强大，你就必须比实际更强大。必须向大家和自己证明这一点，必须反抗权威……"

所谓权威，在这种情况下就是学校或老师。怎么反抗呢？

"做一些向老师投黑板擦之类的行为。"

这就是虚荣心的一个例子。渴望自己看上去比实际更强大或者试图证明自己很优秀，阿德勒认为这就是虚荣心。

就像前面引用的话一样，当阿德勒说"在虚荣心中可以看到一条'向上的线'"的时候，其中包含的优越性追求就已经不是人人都有的普遍性的东西了。这里是指那些不满足于"实际"的自己，渴望"超越他人"，就像用力踮起脚以使自己看上去更加高大一样，努力想要获得"成功和优越感"的人。

具有"价值低落感"的人们

再来看一个例子。阿德勒曾在苏格兰的阿伯丁大学做过集中讲座。当时他连续讲了四天。事实上，结束了这四天的讲座之后，阿德勒便因心肌梗死去世了，享年 67 岁。其生命的最后时段是在阿伯丁大学度过的。

那是发生在阿德勒到达阿伯丁之后第一个夜晚的事情。当阿德勒与阿伯丁大学的雷克斯·奈特教授在入住酒店的大厅打过招呼刚刚坐在沙发的时候，一个青年走过来说：

"我知道二位绅士都是心理学家，但我想你们恐怕谁都说不出我是什么人吧？"

这种场景或许很难想象，但我却有过极其相似的经历。一位知道我教心理学的学生走过来说："老师是教心理学的，您知道我现在正在想什么吗？"

当然，这种事情我不可能知道。并非因为是心理学家或者心理辅导师就能够读懂人的心。那么，提出这个问题的学生又是什么目的呢？其目的就是贬低对方也就是作为老师的我的价值，以此来相对性地抬高自己的价值。对此，阿德勒认为这类人是"价值低落感"的人。

有虚荣心的人或者明白自己其实不优秀的人，往往会通过贬低对方的价值来相对性地抬高自身的价值并企图以此来获得优越感，阿德勒将其表达为"价值低落感"。

那个学生对我说"能读懂我的心吗"，对此，一旦我回答说"不，我读不懂你的心"，对方就会浮现出略带轻蔑的表情。像这样的事情，我在此前的人生中时有遇到。

阿伯丁的这位青年之所以突然挑衅式地对二位老师说"你们恐怕谁都说不出我是什么人吧"，也是因为其具有"价值低落感"的缘故。

当时，奈特教授非常为难，而阿德勒抬起眼睛注视着那个年轻人说：

"不，我想我能说说你的事情。你的虚荣心非常强吧。"

当对方追问为什么会认为其虚荣心强的时候，阿德勒这么回答：

"来到沙发上坐着的自己并不认识的两个人面前，询问人家怎么看自己，这难道不是虚荣心过强吗？"

希望获得别人的认可，十分在意他人如何看自己。阿德勒立刻便看出这个青年"虚荣心很强"。为何他会想要贬低他人的价值以获取优越感呢？这是因为有虚荣心的人内心隐藏着很强的自卑感。正因为知道自己实际上并不优秀，才想要特别去强调自己优秀。

此外，在职场上也会发生上司训斥部下的事情吧！阿德勒称工作场合为"第一竞技场"，有的上司"渴望脱离第一竞技场在第二战场获得认可"。也就是说，在跟工作并无直接关系的事情上训斥部下，借此贬低部下的价值，相对性地抬高自身的价值。阿德勒指出这是"虚荣心"的表现。

虚荣心很隐蔽

没有人会大大方方地对别人说"我有虚荣心"，一般也不喜欢别人这么说自己。对此，阿德勒说了下面的话。

可以说，人人多少都有一些虚荣心。但是，表露虚荣心无法给人留下好印象，因此，人们一般都会将其很好地隐藏起来或者表现为各种各样的形式。

此外，阿德勒还说，有时候他不用"虚荣心"这一说法，而是使用诸如"雄心"之类的词语来表达。

我将其翻译为"雄心"，《性格心理学》中用的是德语的"Ehrgeiz"一词，辞典上翻译为"功名心"或者"名誉欲"。阿德勒的表述是："代替虚荣心或自大之类的词语，使用听上去比较动听的 Ehrgeiz 一词，以此摆脱不好的印象。"据此，我将其翻译为"雄心"，以便听起来更具肯定性。

倘若说是"野心"，那听起来稍显强烈了。而若说是有"雄心"，听起来也会比较舒服。人们虽不愿承认自己有虚荣心，但说自己有雄心的人或许还是很多的吧。田边圣子有一部小说《盛装褪去》，是一部关于俳人杉田久女的传记小说。里面有这样一个场景：当她说想要上大学的时候，被亲戚朋友说是"虚荣心"。对此，她回答说："不，不是虚荣心，是进取心"。

杉田久女生于 1890 年，卒于 1946 年。她生活的时代比阿德勒稍晚一些，但当时女性上大学还并不多见。

或许会有很多人说，人类的伟大事业若没有雄心就无法达成。但是，阿德勒却认为，"这只是一种错觉，是错误的观点"，并说："天才般的成就只有在某种形式的共同体基础上才有可能达成，而在'天才般的成就'中，虚荣心的影响不会太大。"

因为虚荣心而失去的东西

下面谈一下虚荣心的问题。阿德勒对此是这么说的。

总之，试图获得认可的努力一旦占据优势，精神生活中的紧张就会加剧。

这句话能理解吧。虽然人人都希望获得他人的好感，但这种试图获得认可的努力一旦占据优势，紧张就会随之加剧。

例如，在人前讲话的时候，倘若一心想着"要好好讲"或"讲得要打动人心"，抑或只想着自己如何才能博得他人的认可，那就会非常紧张。原本只要讲出自己的应有水平就可以了，但一旦想着必须讲好，就会紧张起来，有时候反而讲不出来了。阿德勒接着说了下面的话。

这种紧张会强化人对权力和优越性目标的追求，并进一步促使其付诸行动、奋力达成。这样的人生会十分渴望巨大胜利。

阿德勒说，人一旦企图获得认可，就会以权力和优越性为目标。渴望比别人优越，设定超出实际的远大目标并付诸行动。

但是，真正优秀的人不会去炫耀自己的优秀。多数情况下，只有不自信或者自卑的人才会过度强调自己的优秀。

并且，阿德勒还说了下面的话。

这样的人肯定会丧失与现实之间的连接点。因为他们往往会失去与真实人生的关联，常常拘泥于自己给别人留下了什么印象或者是其他人如何看自己之类的问题。行动的自由大大地被这些事情所限制。并且，这些人身上最明显的一个性格特征就是虚荣心。

再回到刚才介绍的那个阿伯丁青年的话题上。阿德勒对这个青年说："来到沙发上坐着的自己并不认识的两个人面前，询问人家怎么看自己，这难道不是虚荣心过强吗？"

青年问两人能否猜出自己是什么人，其实是非常在意自己在二人心中的印象。抛出这一唐突问题的他或许想要听到"你非常有才能"之类的回答。

像这样，试图保持自己优越性的人倘若只想着自己给别人留下了什么印象或者其他人如何看自己的话，最终就会"丧失与现实之间的连接点"。因为他们在生活中关注的不是真实的自我，而是假想的自我。

比如拿工作或学习来说，如果不擅长的话，那也只能是实事求是地从不擅长之处开始努力学习。但是，希望表现得比别人优秀的人却硬要去做超过自己力量的事，并进一步以更高处为目标。倘若仅仅是如此理解的话，听起来似乎倒也是好事，但如此一来，往往容易强行采取一些"不符合事实""不符合现实"的行为。

关于保持现状好不好这一点，可能很多人都认为不好，特别是在工作或学习方面更是如此。但是，凡事本应该在充分理解自己有多大力量之后再开始，而若跳过这个本该有的努力认清实际情况的阶段，就像是不用梯子直接登上二楼一样地鲁莽行事的话，那就会陷入一种与现实之间丧失连接点的生活方式。

人在什么时候容易丧失与现实之间的连接点呢？那就是"在意别人怎么看自己的时候"。给别人留下好印象为什么对这样的人很重要呢？因为他们自己无法确信自己是否优秀。或者，自己接下来要做的事究竟是对是错，无法进行好坏判断。

再来谈谈孩子吧。被批评或表扬着长大的孩子们长大之后常常无法明白自己行为的价值。因此，我才说"不可以批评孩子，也请停止表扬"。不管其他人是否认可，自己都必须能够判断自己所做事情的意义。被批评或表扬着长大的孩子由于十分在意别人怎么看自己，常常无法过上真正属于自己的人生。

在这样的亲子关系中，父母有时也会去阻碍孩子未来要走的人生之路。即使孩子拥有强烈的"不上大学"的意向，但父母依然会说当今社会必须上大学之类的话。或者，孩子自己有想要结婚的对象，但有时却会遭到父母的反对。以及，孩子说想要过不结婚的人生，父母却对此大唱反调。像这样，经常被父母评头论足、看着父母脸色、努力想要讨父母欢心的人在无法过自己的人生这一意义上，已经失去了与现实之间的连接点。

一旦忽视了与现实之间的连接，一味在意别人怎么看自己，"行动自由"就会受到严重限制。阿德勒说这话的意思通过前面的说明大家应该也能够明白了。"想说的话不能说"或者"该做的事不能做"。本来人们在在意别人怎么看自己之前必须能够独立判断自己应该做什么，但却根本做不到，以致错失良机。

例如，当电车中有老年人站着的时候，想要让座的话直接让就可以了，但却会想一些多余的事情。也就是诸如"假如我把座位让给这个人，对方会怎么想呢"之类的顾虑。

我的父亲就曾非常生气地说："自己明明还不是老人，就被人让座。"所以，或许有些人并不愿意别人给自己让座。另外，可能还会顾虑周围人的看法，思忖着"如果让座（不让座），别人会怎么看自己呢"。也许在考虑这些事情的时候，就已经错过了让座机会，比如那个自己想着该不该给其让座的人下了电车。因此，如果有自己想做的事情，那就不要顾虑别人怎么看自己，一定要勇敢去做。倘若不能成为一个这样的人，那就会失去行动自由。

不要成为"只知索取的人"

再来看下面这段引用的话。

虚荣心一旦超出一定的限度，就会变成非常危险的东西。它会让人比起实际状况更加在意别人怎么看（自己在别人眼里的印象），继而陷入各种毫无意义的事情或者消耗之中。它还会让人只知道更多地考虑自己而忽视他人，充其量也就是让人在意他人怎么看自己。即使先撇开这些不谈，关键是人很容易因为虚荣心而失去与现实之间的连接点。

这里又写到了"与现实之间的连接点"。

引用文中所说的,"令人陷入各种毫无意义的事情或者消耗之中"这句话大家都明白吧,比如努力让自己看上去很优秀。如果实际上并不优秀的话,这样做其实没有什么意义,但还是要努力表现得很优秀。抑或是,比起真实的幸福,更希望让别人看着自己很幸福,这无疑也是"毫无意义的事情"。在我看来,实际上过得幸福才是最重要的事情。

阿德勒这样讲述虚荣心的危害。

怀有虚荣心的人通常试图将自己失败的责任转嫁到他人身上。自己总是正确的,都是他人不对。但是,在人生中,正确并不重要。重要的是想办法改善自己的问题,并帮助别人解决问题。

比起解决问题,怀有虚荣心的人往往认为唯有证明自己是否正确才重要。说得简单一些的话,吵架的时候就是如此。比起解决目前发生的问题,双方更急于证明哪一方是正确的。

最大的危害就是像引文中所说的那样,将自己的失败归罪于他人。以此来回避问题的解决或者在问题面前迟疑不决。

这样的人在失败的时候恐怕不会道歉。无论发生什么事,都会认为只要道歉就证明是自己不对,所以绝不会道歉。他们一般会认为"失败不是自己的错,都怪别人"。

抑或是，有的人追溯过去之后认为，"如果自己接受了不同的教育，或许人生就不会这么惨了"。也有人将自己生活不如意的原因归结到性格方面。像这样，一味活在"可能性"之中，只会进一步失去与现实之间的连接。

一旦拘泥于别人怎么看自己并导致虚荣心膨胀，就会只考虑自己而忽略他人。也就是只知道关心自己。

一旦失去与现实之间的连接，就会忘记人生本应该做的事情和作为一个人此生真正应该留下的东西。

用阿德勒的话说就是，怀有虚荣心的人会成为"索求的人"或"索取的人"。用英语讲就是 getter，也就是指那些不知给予而只知索取的人，只知道关心别人给了自己什么。阿德勒说这样的人就是虚荣心强烈的人。

虽然我说过人人多少都有点儿虚荣心，但我们首先得注意一点：无论别人怎么看，自己都不要努力去迎合他人对自己的评价，要坦诚接纳真实的自己。阿德勒建议我们一定要摆脱这样的生活方式，那就是：过分拘泥于他人的评价，努力获取他人认可，尽力迎合他人期待。并且，也不可止步不前，而要懂得自己应该做哪些改善，这一点将在第七章详谈。

02 嫉妒心强烈的性格

嫉妒源于"虚弱"

第二种性格特征就是"嫉妒"。因为爱嫉妒的人常常会对他人采取一种敌对立场，因此嫉妒也被列入攻击型性格的分类。

（嫉妒）并不仅仅出现在爱情关系中，其他一切人际关系中都可以看到。特别是在孩童时代，当兄弟姐妹中有人比其他人优秀的时候，这种嫉妒之心就会伴随着一种雄心或野心一样的感情油然而生，进而呈现出一种敌对的斗争立场。

兄弟姐妹之间的关系后面会详细分析，它会对我们的性格形成产生很大影响。看看我的孙女就很容易明白，突然添了一个弟弟，似乎感觉父母像是被夺走了。特别是有了一个整天需要人照顾的弟弟，可是自己却常常被催促着自立，听父母说"因为你都已经是姐姐了"之类的话。这种时候就会对弟弟产生一种嫉妒之情。并且，还会从这种关系中萌发出一种非常激烈的竞争关系。

第一个孩子尤其会体验到"跌落王座"的感觉，当其认为其他的兄弟姐妹比自己得到的爱更多时就会心生嫉妒。嫉妒用阿德勒的话说也是一种源于自卑感的"虚弱"。

一般说来，自信的人不会产生嫉妒之情。因为自信的人不会陷入一种无法将对方留在自己身边的不安之中。比如，当认为自己不如其他兄弟姐妹的时候，一般就会感觉父母会更爱其他的兄弟姐妹而不是自己，继而就会对兄弟姐妹产生一种强烈的嫉妒之情。这与成年人恋爱关系中所产生的"嫉妒"完全是同一个道理。

嫉妒和羡慕的区别

就跟将"虚荣心"说成是"雄心"，通过稍稍削弱意思来承认其存在一样，阿德勒使用"羡慕"一词来区别于嫉妒。

我们在生活中会产生某种程度的羡慕之情。倘若是稍微有一点儿的话，倒也不会产生危害，是很正常的事情。但是，我们必须让羡慕成为一种有用的情绪。一定要通过羡慕之情使工作得以提高，使自己能够直面问题。倘若如此，羡慕也不是毫无益处。因此，还是应该宽容地看待我们心中所怀有的适度的羡慕之情。

（《阿德勒心理学讲义》）

虽然人们也可以有竞争对手，但没有必要与其较劲竞争。可以有"想要成为那样的人"之类的羡慕对象，只要不拘泥于与其进行竞争就可以，或者说，只要明白自己不可能成为与其完全相同的人就没有什么危害。并且，阿德勒认为，只要竞争对手的存在能够令自己鼓起干劲儿，那就还在许可范围之内。

过去，我进入大学的希腊哲学研究室学习的时候，因为一同学习的同伴们令人惊叹的优秀而受到了打击。进入研究室之后，我发现有很多远比我优异的人。当时我就想，"啊，自己也好想成为那样的人呀！我也想能够像前辈们那样宛如读现代语一样非常流畅地阅读古希腊语文献"。如今想来，这不是嫉妒，而是"羡慕"。

嫉妒常表现为不信任感

嫉妒者尽管没有实力但还是想要与人竞争并企图获胜。即使不说这是无益、无结果的，它也会强迫人付出极大的努力。

对此，阿德勒这么分析。

嫉妒会表现为各种各样的形式，例如不信任感、偷偷窥探暗暗盘算的特征、不断担心被轻视的恐慌等，其背后都可以看到嫉妒的影子。

"不信任感"大家能明白吧，例如无法信任恋人或配偶等。常常怀有一种不信任感，担心对方有更爱的人。

所谓"偷偷窥探暗暗盘算"，翻译过来有点难理解，"盘算"

就是衡量、比较，也就是把自己与对方进行比较的意思。所谓"窥探"，或者也可以说是观望，就是偷偷观察对方的行为，并试着将自己与他人进行比较，非常在意谁得到的爱更多。此外，阿德勒认为，不断担心自己被轻视的恐慌也是嫉妒的一种表现。

（嫉妒者）常常会贬低对方，或者是为了支配对方而努力去束缚别人，试图限制他人的自由。

阿德勒说，嫉妒者常常试图给对方"施加爱的法律"，限制对方的行动，束缚对方。因为没有自信，所以便不断试图将对方置于自己的监视之下。

要说什么时候才能体会到自己是被对方爱着的话，感受方式可能因人而异，但其中一条或许是能感受到对方给予自己无限自由之时吧。束缚对方反而导致对方的心疏离自己，这样的事情实际上经常发生。

"嫉妒"之情不仅仅在长大之后才会产生，自孩提时代起就常常发生在兄弟姐妹之间，而这种关系在长大之后还会反复发生在不同人的身上。

思考：是因为不自信才嫉妒吗

（节选自 NHK 文化中心"性格心理学"讲座答疑）

听众：我明显具有嫉妒心理，而且也为此感到痛苦。在生活中该如何理解这样的自己呢？就像老师您说的一样，是因为没有自信才会嫉妒吗？

岸见：如果意识到自己这样下去的话对方可能会移情别恋，那就会想要设法留住对方吧。这种时候再去观察对方的行为的话，就能看到一些似乎是在印证自己预想的言行。倘若对自己没有信心，那对方的一切行为看上去都像是在印证这样下去对方将要离开自己的猜想。

即使将自己与他人进行比较也没有什么办法。自己就是自己，并非其他任何人。从小与他人竞争，并常常将自己与他人比较着长大的人很容易认为，"不可以只保持自己的现状"。但是，自己无论如何也无法变成他人，自己只能是自己。这样的自己能做的只有两条。

第一条是看对方能否接受这样的自己，全部顺其自然任由他去。即使为了获得对方的爱而努力变成符合其期待的人，那个被对方爱着的也不是真正的自己。因此，第二条能做的就是悦纳真实的自己。对方能否接受真实的自己也只能任由他去。这就是出发点。

听众：怎样才能获得悦纳真实自己的自信呢？

岸见：需要思考一下什么是"自信"。

自己和他人在一起，什么时候会感觉心情很好呢？恐怕是不需要刻意做什么的时候吧。与对方是否经常为自己买礼物之类的事情没有关系，只要跟那个人在一起时能够感到安心就会觉得很愉快吧？

也不用特意去考虑如何进行良好沟通。能够安心地认为在这个人面前保持自己的平常状态就好，这就是自信。

一旦去思考要有自信或者没有自信不行之类的事情，或许就已经认为必须要强迫自己去伪装了。自信并非如此，自信是能够安心地认为，"在这个人面前不必刻意伪装自己"。这里面既没有虚荣心也没有嫉妒。假如以此为目标的话，就没那么难了吧。

03 关于憎恨或敌意

指向不明的"憎恨"

最后谈一下"憎恨"或"敌意"。

憎恨可以指向各个方面。既可能指向眼前的课题，也可能指向单个人、国民或阶级、异性以及人种。

阿德勒的《性格心理学》写于大约一百年前，但其中也清楚地表达了当今存在的问题。身边有想要加害自己的他者存在之时，人就会对这一他者心生憎恨。当然，这种时候，憎恨对象非常清楚。也就是说，如果是个人与个人之间的问题，憎恨就会指向特定的人。但是，倘若这种憎恨是指向人种或者某个国家的时候，憎恨对象其实并不明确。

倘若有人对某个国家的人整体怀有恨意，那也许是因为这个人没有私交甚密的该国朋友。有韩国朋友的人或许并不会把自己的这个朋友笼统地看成是韩国这个国家的人或者是归属于韩国的人。无法具体地认识或想象"这个人""那个人"者往往会抽象地去想象中国人、美国人或者韩国人之类的国民整体，并对其心怀憎恨。

接着上一段引文再来看下面这段话。

我们不要忘记憎恨之情并不总是直线式地明确展露出来，它常常会被蒙上一层面纱，比如可能采取批判性态度之类的更加高尚的形式。

所谓"更加高尚的形式"是指，批判究竟是否高尚暂且不说，当某人批判某人的时候其实是心怀憎恨的。将憎恨之情赤裸裸地表现出来就像前文谈到的虚荣心一样，常常会被认为不好。因此这类人就会说"我并不是恨对方，只是要进行批判而已"。

网络上的争论之类的事情不就有很多会演变成这样的例子吗？不是冷静地争论，而是想方设法地批判对方。这种时候，比起说了什么，其实大家更关注的是谁说的。

"批判"一词的本来意思是互相交谈讨论说了什么、怎么回事，经过讨论思考，如果有问题就去解决。但实际上常常会变成谴责、声讨对方，而这在很多情况下是因为根植于其背后的憎恨之情。

源于自我本位的"敌意"

接下来我们谈一下由"憎恨"分化出来的"敌意"。

敌意这种感情尤其隐蔽，它一般源于行为者对共同体感觉要求的无视，常常会妨碍行为者待人接物。

阿德勒介绍了这样一个例子，那就是将盆栽放在容易坠落的窗边。这当然不同于向行人扔盆栽，或许这一行为是"不小心"的。但是，就连这种貌似不小心的行为，阿德勒也非常严肃地指出说，"不可以忽视其背后可能潜藏着与罪犯相同的敌意""毫无疑问，无意识的敌意行为之中很可能包含着与有意识的敌意行为程度相当的敌意"。

这种态度反映出有些人将自己个人的微小要求看得比他人的幸与不幸更加重要，以致忽视可能发生在他人身上的危险。

有人极速驾车造成很多人死伤。当被问到为什么开这么快的时候，他竟然辩解说"因为有非常重要的约会"。阿德勒说："像这种将自己个人的微小要求看得比他人的幸与不幸更加重要，以致忽视可能发生在他人身上的危险的人也是对他人充满敌意的人。"

即使是怀有美好意图的人，在这种状况下很可能也会认为只能顾好个人防卫。但这时候有一点往往被忽略掉了，那就是：这种个人防卫通常会导致再次伤害他人。

在日冕之祸中，可能很多人都会认为这种时候也只能守护好自己。这样的人就有可能加害他人。最近日本出现了"自肃警察"

或者"日冕警察"之类的词语，其实，对感染者展示出敌意态度也是阿德勒上述主张的一个例证。

也许怀有美好意图或者不想被感染之类的事情倒也没有错，但一旦"防卫"过当，就可能演变为"敌意"。

有时这种事情会自动发生，集团精神常常会在其中发挥作用，人们会尽力保全自身。

主张必须抵御他国侵略的人或许并不排斥自卫性的战争，认为如果是为了自卫或者正义，也可以允许战争发生。

持有这种想法的人也必须冷静地思考一下。明智者当然懂得其中的道理，但很多人甚至都不去思考个人和国家、国家和政府之间的区别，直接以国家为单位来理解战争。阿德勒没有见到第二次世界大战，但其经历了第一次世界大战，可能对这样的问题非常敏感。

本章分析了"攻击型性格"的特征。具有这种性格特征的人都会敌对他者，只关心自己而不顾他人，其本质是这类人具有虚弱和自卑感。为了不被人看穿这一点，往往试图将自己表现得比实际更强大，有时，所有人都会成为其"攻击对象"。

03
Chapter

第三章

保守、不安、怯懦

——防御型会逃避课题

防御型性格的特征

本章将分析阿德勒归类为"防御型"的性格,"保守"的性格、"容易不安"的性格、"怯懦"的性格等都属于此类。关于防御型性格的特征,阿德勒用"带有敌意的孤立"这样的语言来进行说明。

害怕与任何人为伍,抱着一种毫无缘由的不信任感,从他人那里只能感受到敌意。

例如,有的人在与大家相聚一堂时,会产生一种不信任感,认为他人或许对自己心怀敌意。这样的人无论如何都会处于一种孤立的状态之中。而阿德勒的观点是:这样的人不仅仅会孤立,而且还是"带有敌意的孤立"。

或许有人会想,"带有敌意"这种说法是否有些言过其实,但当大家聚集在一起的时候,确实有人完全不想说话。为什么不说话呢?因为他们认为,一旦不小心与他人发生瓜葛就会被攻击或受伤害,与其如此,还不如保持沉默更好一些。在与人交流中不应该去伤害别人。可即便自己不去伤害别人,也可能会被对方伤害,抱着这种害怕产生摩擦的心态便会选择保持沉默。

假如集体中有这样的人存在，会发生什么事呢？有不知其在想什么的人存在，会令人非常担心。周围的人会不安地想，"他总是静默不言，也不知道他究竟在想什么"。这种与人打交道的态度最终会破坏与他人之间的关系。

看上去就像是所有的敌意都被扭曲之后又绕弯儿而来。

虽然没有直接去攻击谁，但就像是绕了个弯儿一样，最终还是令周围的人感到不愉快。

孤立的人也不愿与人合作。人并不能独自生存，因此，如果不与人合作就无法生存下去。尽管如此，孤立的人还是排斥与人合作。与他人保持距离，避免任何联系，独自孤立。阿德勒认为，这样的人虽然不会直接加害他人，但却与具有攻击性的人一样心怀敌意。

01 保守的性格

固执地认为无人能懂自己

首先来看一下"保守"的性格。虽然我最终将其翻译为"保守",但究竟该如何翻译,其实非常苦恼。原书为Zurückgezogenheit 一词,动词是zurückziehen,意为"拖拉、拖拽"。在后面拖拉着,也就是不愿向前去,在这种解释下,我便将其翻译成"保守"。请看下面这段引用。

保守性会表现为各种各样的形式。保守的人不怎么说话,或者根本不说话。他们不看人,也不听人讲话,即使别人跟其搭话,也不予理睬。在所有关系中,即便是最单纯的关系,保守的人也会非常冷淡、与人疏远。

使用"保守"一词或许还会给人以不错的印象,但即使别人主动搭话,这样的人也根本不说、不听的话,那又会怎样呢?根本不听别人讲话,即使主动跟其搭话,也会无视或者不予理睬,阿德勒说，这样的人处在一种"带有敌意的孤立"状态之中，他的主张倒也很好理解。

为什么要保持孤立呢？这样的人有着保持孤立的目标。目的是想要证明自己很特别、很优秀。这样的人虽然不会对人表现出明显性的敌意，但有时也会认为无人能懂自己，继而对人心生恨意。

问题是，孤立的人根本不跟别人说明自己在想什么，就固执地认为别人不懂自己在想什么。这无论怎么想都令人感到奇怪吧。倘若希望别人理解自己的所思所想，那就不能保持孤立，必须好好说明自己的想法。

但是，孤立的人并不说明自己的想法。他们坚信：正因为不被任何人理解而依然保持孤立，自己才更加正确。这样的人往往认为，不受任何人支持恰恰证明自己是正确的。

逃避人际关系的态度

有的人会企图自杀。对于这样的人，我们能做的就是帮助其摆脱孤立状态。哪怕是一个人也好，倘若孤立的人知道有人理解自己的想法，或许就会意识到自己正想做的事情是错误的。不可以强行逼迫他们，以致其认为"自己是孤立的，自己并没有错"。

　　阿德勒对"孤立"做了详细说明。假如有人表现出拒人于千里之外的态度，周围的人一定要明白这个人并非真正希望孤立。这样的人只是为了逃避人生课题，也就是人际关系，才采取保守态度，这一点必须理解。

02 容易不安的性格

为什么会不安

防御型性格特征的第二点就是"不安"。

在敌对周围世界者的态度中时常会发现不安的特征。

在这里也使用了"敌对"一词。

认为人生无比痛苦，拒人于千里之外，借此逃避本应该为和睦生活而做出的切实努力。因为，畏惧心理能波及生活中的一切关系。

接下来分析一下制造"不安"情绪的人。企图逃避人生困难（这里指"人际关系"）的人其实是想要制造并利用不安这一情绪来帮助自己下定逃避人生课题的决心。

有人认为不跟人接触就不会与人产生摩擦，因此，这样就能活得轻松一些。但事实上，断绝了与他人之间的关系，根本无法幸福生活。

阿德勒说，"一切烦恼皆为人际关系烦恼"。只要与人交往就难免会受伤。因此，有的人为了避免与他人发生摩擦索性试图逃避人际关系，这也就不足为奇了。

另外，"生的喜悦"也是阿德勒自身使用的语言，能够感觉"活着真好"，或者说幸福感也只能从与他人之间的联系中获得。前面的引文中写到，"借此逃避本应该为和睦生活而做出的切实努力"，对此阿德勒想说的应该是，一旦拒人于千里之外就无法获得生的喜悦和幸福。

再说一遍，容易不安的人其实是企图通过制造不安的情绪来逃避与他人之间的关系。

"不安"和"恐惧"的区别

前文并未特意写明两者的区别，或许有的人读的时候也就忽略过去了，但阿德勒大致上是将"不安"和"恐惧"作为同义词使用的。如果硬要加以区分的话，恐惧往往有具体对象。比如，看到有一只大型犬靠近便会恐惧逃开，与此相对，不安并无特定对象。虽然并无特定的指向对象，但总觉得不安。

人在感到不安的时候，大多难以立即付诸行动。例如，面对自己必须致力的课题感到不安的人，用阿德勒的话说就是采取"犹

豫不决的态度"。与人相遇的时候，心里便开始犹豫是否可以与
之来往。

不安并不需要特定对象。倘若产生不安的情绪，就会采取犹
豫不决的态度，继而就可以借此来逃避自己本应该面对的课题，
至少是不用积极去面对。只要达到这一目的就可以。

源于逃避人生课题的不安

来看下面这段引文。

人一旦产生逃避人生困难的想法，这一想法便会被附加上不
安，并借此进一步强化、明确化。实际上，有的人想要做什么事
的时候，首先产生的情绪便是不安。例如，将要离开家或者与同
伴分别的时候，就职或者是坠入情网的时候。（略）已经习惯了
的状况所发生的任何变化都会带来恐惧感。

逃避人生困难的"想法"这一表述作为译语是否合适，我也
有些困惑。不过，如果有人在人生遇到困难的时候总是想着逃避
的话，对这样的人来说，逃避人生课题的决心倘若再附加上不安
的情绪，就会进一步被强化。也就是说，他们能够在心里借助这
种不安情绪来将逃避人生课题加以合理化。容易陷入不安的人便
是这样利用不安的情绪的。

"将要离开家或者与同伴分别的时候，就职或者是坠入情网

的时候"生活当然会发生变化，害怕这种变化的人也是如此。后面会重点谈到，有的人根本不愿走出家门。为什么不愿到外面去呢？因为哪怕只走出家门一步也会担心发生什么不测之事。

"与同伴分别"，这也未必是指与人生重要的搭档分别。只要是与同伴一起外出，自己就能什么也不用想，只要跟着对方就可以。而一旦与同伴分别，一切都得自己进行判断。如此一来，与原来的状况就完全不同了。

即使有心要换工作，但在新单位里究竟会发生什么也无法预测。因此便会认为，比起在新单位工作还不如在之前的单位工作好，最终就会迟迟难以下定决心换工作。

坠入情网的时候也是一样吧。拥有恋情，这本身是高兴的事，可一旦开始交往，生活方式就会发生变化。不希望发生这种变化的人，在实际开始恋爱或者就职之前就会制造不安的情绪并试图逃避相关课题。

这样的人与伙伴之间的联系极其微弱，因此，已经习惯了的状况所发生的任何变化都会令其感到恐惧。

容易产生不安情绪的人大多与他人关系淡薄。因此就会担心，一旦与现在交往的人分别或许就很难再喜欢上谁，或者一旦辞去自己的工作或许就难以再有第二份。如此一来，便会越想越不安。

（与强烈的恐惧不同）不安也许并不是立即便吓得颤抖不已，

迅即逃离那里（人生课题）。但是，他（她）们的步伐会逐渐放慢，并想方设法寻找各种借口或托词。

面对将要发生的变化，莫名不安的人至少是不愿积极应对相关课题的，因此便会逐渐放慢步伐。为了能够逃避课题，或许就会"想方设法寻找各种借口或托词"。这就是阿德勒所说的"犹豫不决的态度"。

这样的人非常擅长找借口，经常使用"好的，明白了。但是……"这样的措辞。或者，因为一开始便下定了不面对课题的决心，所以，剩下的就只是通过拿出附加的理由，最终给出"但是……"的辩解，而不想付诸行动。并不是做或不做的心情各半，而是一开始便下定了"不要做"的决心。阿德勒说在这样的情况下，人也会将不安的情绪作为回避课题的借口、托词。

这样的人时常喜欢思考过去或死亡。

有人会说可能是他们过去经历的事情形成了精神创伤，我也认为人在被迫做违反自己意愿的事情时会难过伤心。因此，并不是说 PTSD（创伤后应激障碍）或者精神创伤之类的词语所表达的精神状态不存在。阿德勒作为精神科医生当然也知道这一点，而且也肯定认识有这种症状的患者。

在这里希望大家理解的是，当人搬出过去的事情时，即便那不是精神创伤之类的非常痛苦的经历，他们也会以过去的失败为理由，认为"肯定会不顺利吧"，迟迟不肯进行新的挑战。或者，极端情况下会想到死，进而极力逃避自己必须面对的课题。

恐惧死亡或疾病常常被什么事也不想做的人拿来当借口。

阿德勒说出了一个非常残酷的现实，或许也会有人不爱听。有的人认为一切都是徒劳，人生太过短暂，无论再怎么奋斗，人终归还是会死。在此指出一点，有的人往往找借口说，"人生太过短暂，来不及完成什么大事"，以死亡或疾病为托词来逃避做事。

阿德勒在别的书里也说过，"人生虽然有限，但足够去做对生命有意义的事情"（《阿德勒心理学讲义》）。

不安存在着"指向对象"

接下来稍微换一个角度，以心理辅导的视角来分析一下"不安"。

不安的最原始形态往往呈现在自己一个人待着时，总是表现出不安迹象的孩子身上。但是，因为是在诉说不安，所以，即使有人到那个孩子近旁去，孩子的这种渴望也不会得以满足。

与孩子相处过的人或许能明白这一点。或者大家也可以想一想自己的孩童时代。独自一个人睡觉的孩子半夜突然醒来，发现父母不在身旁。本该陪自己一起睡的父亲、母亲不在身边，而且，房间里的电灯还关着。这种时候，孩子恐怕会表现出不安的迹象并大声呼叫父母说"我怕黑"吧。那么，是不是打开电灯就好了呢？并非如此。

孩子们为什么要进行这样的不安倾诉呢？因为想让父母照顾自己，试图按自己的意愿使唤支配父母。这就是"被隐藏的目标"。也许孩子们并未意识到这一点，但有时会试图通过大声哭叫来支配父母。这就是制造不安情绪的目的。

诉说不安的当然并不止孩子。阿德勒认为，倘若有人说"我深感不安"，那肯定有不安的"指向对象"。"指向对象"是阿德勒本人使用的词语。

大人的生活中也会有这样的现象存在，例如不想一人独自外出的人。这种类型的人我们在街上经常看到。他（她）们一脸不安，东张西望，呆立不动或者像是逃避恶敌追赶似的急匆匆穿过马路。并且，我们时而还可能会遇到这样的人前来求助。这种类型的人并不是虚弱的患者，他们平时的情况很好，比其他很多人还要健康，但稍微遇到点儿困难立即就会陷入不安。并且，一出家门马上就会感觉不安全，甚至是变得不安起来。

具有这种症状的人前来接受诊断的时候，很多患者会说"希望能治好这种不安症"。但是，即便患者有这种诉求，阿德勒派的心理咨询师或者精神科医生也不会致力于帮其消除症状。也就是说，他们并不把消除症状作为心理辅导的目标。

阿德勒派的心理辅导在比较短的时期内便会结束，并不会持续好几年，假如以每周一次的进度进行心理辅导的话，三个月左右就会结束。他们在心理辅导的一开始便会跟患者一起确认好目标，讨论"这次心理辅导达成什么样的目标就可以结束"。假如不进行目标设定就开始的话，大部分的心理辅导都会开展不下去。

前面提到消除不安症并不是心理辅导的目标。那么，以什么为目标呢？一言以蔽之就是"改善人际关系"，帮其学会好好处理相关的人际关系。如果与患者交谈，就肯定会发现有特定的人出现，这就是"指向对象"。不安症是指向特定人的症状，不安症并不是产生在心里，而是产生在人际关系中，这是阿德勒心理学的基本观点。

因此，首先要摸清其症状也就是作为问题的不安究竟指向谁。如果指向对象清楚了，在心理辅导中就会专门致力于改善与那个人之间的人际关系。为什么不把消除症状作为心理辅导的目标呢？因为，在与"指向对象"之间的人际关系中，实际上是患者自己需要这种症状。只要人际关系不发生变化，即便是消除了一个症状，用阿德勒的话说就是，"还会毫不犹豫地掌握其他症状"。因此，如果不帮患者构建其不需要"使用"症状的人际关系，问题就不会真正得以解决。

"广场恐惧症"和"狭小房间"

事实上，具有强烈不安的人有时还会患上"广场恐惧症"。

这种症状常常表现为坚信"我不可以去太远的地方，必须停在熟悉的环境里。人生充满危险，因此，必须努力避开这种危险"。当一直保持这种态度的时候，人或许就会闷居在房间里或者赖在床上不起来。

这就是所谓的"闷居"，在本章开端将其翻译成"保守"的德语 Zurückgezogenheit 一词中也含有"闷居"之意。"广场恐惧症"指这样一种症状，认为自己会成为深具敌意的他者所要迫害的目标。这种患者会认为，成为他者迫害目标的自己为了逃避这种迫害就只能闷在自己的房间里，或者是躲在床上不起来。

不过，外面的世界很恐怖，其他人都轻视自己，自己会成为迫害目标，这是患者自己的说法，阿德勒并不如此解释。

阿德勒解释说，是因为"如果在外面的话就不会被关注"所以才会闷居在家。这就跟半夜醒来的孩子一样，只要是在家里待着，如果诉说不安症状，家人就必须得对其进行照顾。如此一来，就能够将自己置于世界的中心。

但是——阿德勒使用的是"狭小房间"这个词——一旦从这个"狭小房间"走到外面去，那个人便成了众多人中的一个而已，无法再做世界的中心。阿德勒说，那些不愿意置身于这种状况的人，为了逃避便会闷居在狭小房间里，患上"广场恐惧症"。

俄狄浦斯情结（恋母情结）跟广场恐惧症也属于一类。

所谓俄狄浦斯情结，实际上只是神经症者"狭小房间"的特别例子而已。

读阿德勒的传记就会发现，他与父亲十分亲近，反而与母亲比较疏远，因此他并非有俄狄浦斯情结。

神经症者会制造一个"狭小房间"，紧闭房门，拒绝人生中的清风、阳光或新鲜空气。

只要待在房间里，就不会遭受强风吹打，也可以避免烈日暴晒。闷居在狭小房间里拒绝外出，也就是生活在不受任何事物侵扰的环境里。神经症者就采取这样的生活方式。

俄狄浦斯情结的牺牲者都是被母亲娇惯的孩子们。这样的孩子往往认为一切愿望都是法律，认识不到在家庭边界之外也可以通过自己的努力获得善意与爱。

"被娇惯的孩子们"这一表述在阿德勒的书中经常出现，这样的孩子往往认为"一切愿望都是法律"。也就是说，"自己希望的事情都得实现"。

本来是必须得走出狭小房间，到"边界之外"去。但是，一旦走到外面去，只要自己不努力就什么也不会有。而只要是待在家里，父母就什么都会为自己做。被置于这种状态下的人，即使长大之后也还是会认为无法靠自己的力量获得善意与爱。

消除不安的方法

那么，不安如何才能消除呢？在阿德勒看来，解决的基础是将其置于"人际关系"中加以思考。

人的不安唯有通过将个体与共同体联系起来的合作才可以消除，也许只有意识到自己属于他者的人才能安心地生活。

这是非常具体的建议。所谓"意识到自己属于他者"是指，明白自己并不是一个人，而是在与他者的联系中活着。阿德勒心理学认为，对某些共同体的归属感是人的基本欲求。

人不可能一个人独自生存。现代的阿德勒心理学认为，哪怕是网络上的共同体，能够感受到这里有自己的位置是人的基本欲求。知道自己即便是"孤立"但也并不"孤独"，身处与他者联系之中的人就能够安心地生活。

再稍微说明一下，或许也会有人认为，"被娇惯的孩子与母亲之间存在着联系"，但那并不是真正的联系。通过让别人服侍自己获得的联系并非真正的联系。当然，这并不仅限于亲子关系，人与人之间支配与被支配的关系无论多么亲密都称不上是真正的联系。

与他人之间的关系会产生摩擦。不能视他人为同伴、惧怕与人来往的人,往往会以不安为理由愈发不愿与人打交道。但是,这种不安的情绪并非其无法与人来往的原因。也就是说,并不是因为不安才不愿与他人来往,而是为了不与他人来往才亲自制造出了不安。倘若这类人能够真正明白,很多的生存喜悦都只能在与他人的关系中获得,他们就不再需要用来逃避与他人之间关系的不安了。

如果不能视他人为同伴,那就无法涉入与他人之间的人际关系中。容易陷入不安的人并不是因为受人恶语相加或者被人伤害才视他人为敌人,而是原本在决心不想涉入人际关系的阶段便已经视周围的人为敌人了。

如果有人认为他人不是"同伴"而是"敌人",那这样的人要从他人的言行中发现对自己的敌意就并不是那么困难的事情。擦身而过者无意中瞥过眼睛的时候,他们就会单方面地认为"啊,那个人在躲我"。倘若是能够视他人为必要时会帮助自己的同伴者,即便是擦身而过的人瞥过眼睛,也不会认为其是敌意的表现。

阿德勒明确写道,"不安可以通过合作来消除",而为了做到这一点,需要将关于他人的看法进行一百八十度的改变,来一个哥白尼式的转变。

思考：宅娃的不安可以消除吗

（摘自 NHK 文化中心"性格心理学"讲座答疑）

听众：虽说是"不安可以通过合作来消除"，但闷居在房间里的孩子的不安要怎么消除呢？若是与家人也无法良好沟通的情况，又该如何改善呢？这样能进行合作吗？

岸见：阿德勒说，我们必须想方设法告诉闭门不出的孩子，自己是其同伴、朋友。

我也曾经遇到有人咨询说："孩子闷在房间里不出来，即使为其准备好饭菜也根本吃不下。这样的话，是不是停止为其准备饭菜更好呢？"对此，我回答说："当孩子面对自己就在这里但却连饭菜也没人给送这一事实的时候，还能将这么做的父母当成自己的同伴吗？"吃或不吃，只能任由孩子自己选择，但我还是说："总之，饭菜要盛到盘子里拿到孩子房间里面。"

虽然最初是孩子自己想要闷居在房间不出来，但却很难自己主动说要停止这种行为。孩子是在求助。因此，绝对不能对其强行逼迫。

父母如果觉得自己与孩子之间的相处方式存在问题的话，也只能向孩子道歉。宣布说"我要自今天起改变态度"，并告诉孩子"如果需要，我会成为你的朋友"。

我认为，如果孩子们意识到父母想要极力与自己建立联系，假以时日他们终能改变人生。

听众：也就是说，在能够让孩子明白自己是其朋友之前，要一直保持这种关系吧。

岸见：是的。父母需要相当大的勇气。首先，需要抛开世俗性的价值观。世俗性的价值观是要人活成一个"成功者"，没有父母不希望孩子成功。但是，这一想法要先放下。父母要懂得为孩子今天又平安无事地活过了一天而感到高兴。

想想孩子尚是婴儿的时候就会明白，那时候是不是只要孩子还在呼吸就觉得高兴呢？我现在与两个孙子辈孩子一起生活，真的感觉只要活着就很好。大家回到这一原点吧。

告诉孩子：只要我们活着就会随时守护你，所以，慢慢来，不必着急，希望你逐渐走向自己的人生之路。之前如果做了伤害你的事情，希望你能原谅。虽然并不知道孩子是否会原谅，但我认为只能不断地这么跟孩子说。

03　怯懦的性格

源于逃避课题的怯懦

防御型性格特征的第三点就是怯懦，接下来我们便分析一下"怯懦"的性格。

感觉眼前的课题太难，不相信自己有能力克服的人往往会展示出怯懦这一性格特征。这一性格特征通常表现为行动缓慢，因此便无法较快靠近所要面对的人生课题，并且，有时还会停滞不前。这就是原本应该逐渐靠近人生课题的人，突然又去了完全不同的方向之类的例子。

稍微有些难理解吧。所谓"原本应该逐渐靠近人生课题的人，突然又去了完全不同的方向"是说原本应该致力于某个课题的人却声称自己对与之截然不同的课题感到怯懦，且必须要克服这种怯懦，否则，即使原本想要致力的课题也无法面对，并以此为借口进一步逃开包括当前课题在内的人生所有课题或者是在课题面前停滞不前。

解决课题当然要付出努力，但这类人却放弃致力于眼前课题的努力，企图借此来逃避，不仅是逃避眼前的课题，还想逃避应该面对的人生所有课题。即便是眼前的课题很难解决，也只要努力克服困难就可以了，却试图认定所有课题都难。

"怯懦"这个词倒让我想起一件事。高中的时候学校有游泳课，当时我不会游泳，一走到泳池中间，便由于个子矮站不起来。因此，每当进入夏季，每周的游泳课临近的时候，我就会怯懦地想"我根本不会游泳"。于是，我还试图以此为理由认定"游泳以外的事情我也无力去做"。阿德勒也指出了类似的事情。

例如，自己原本应该致力的工作却完全不去面对。他（她）们会找出那个工作的一切阴影面，并极力论证其不可能完成。因此，怯懦的表现形式，除了行动缓慢之外，还有寻求安全的措施、准备等。这些同样是以逃避不完成课题的责任为目的。

阿德勒继续写道，关于工作的适应性，很多人相信确实存在擅长与不擅长之分。不愿投入工作，为了让自己以及他人相信自己目前正在做的工作不适合自己，极力寻找工作的"阴影面"也就是不利点。然后，聚焦于此，试图说"这个工作有问题，因此不适合自己"，或者是通过将其偷换成适应性问题，借此说明"自己无法从事这个工作"。实际上，"不想从事工作"的决心在先，因此，一切"不想从事工作"的理由都是之后附加上去的。

坚信自己做不到，这会成为一生的免罪符。尽管原本是不做就不知道究竟会如何，但这类人却会在致力做事之前便搬出"自己即便努力也做不到"之类的理由，这就是怯懦者的特征。

怯懦者还会采取缓慢的行动，也就是"犹豫不决的态度"。前面还提到，除了这种犹豫不决的态度之外，"还有寻求安全的措施、准备等"，这又是怎么回事呢？正如字面所示，也是"在工作中回避危险"的意思，还指"作为安全的最好准备，选择不去致力于工作"。通过搬出怯懦这一情绪，试图认定其不适合自己，即使努力去做也得不到预想的结果。

无论是什么工作，刚开始做当然很难，也会有失败。但是，我不认为会有绝对做不到的工作。或许也会有失败，但只要努力，就能够慢慢习惯、逐渐做到，还是这样想更现实一些。但是，具有"怯懦"性格特征的人大多想要逃避课题，不愿致力其中。

"是的，但是"

关于"怯懦"，阿德勒在别的书中说了这样的话。

我们知道罪犯其实很怯懦。倘若他们认识到我们知道这一点的话，这恐怕对他们来说是一个很大的打击。这类罪犯认为自己比警察技高一筹，这种想法往往令他们虚荣心膨胀。并且，常常会想"警察绝对抓不到我吧"。

（《自卑与超越》）

"我们"是指学习阿德勒心理学的人。"虚荣心"这个话题在前一章已经谈过了，简而言之就是让自己看上去比实际更强大。

这样的罪犯常常会想，"警察绝对抓不到我吧"。因此，抓到这样的罪犯之后，无论对其判以怎样的严厉惩罚，他们都不会悔改，也难以避免其再次犯罪。他们只是固执地认定"虽然这次偶然被发现了，但下次一定要做好"。但是，阿德勒说这样的他们实际上并不是勇敢，而是怯懦。

阿德勒说"罪犯很怯懦"，我认为这具有重大意义。仅仅给罪犯判以严厉惩罚并没有用，如果是判以严厉惩罚的话，他们还是不知悔改。阿德勒认为，罪犯自卑感反面的优越情结才是犯罪的根源，因此，帮助其消除自卑感才是令罪犯改过自新的唯一的有效途径。

并不仅仅是罪犯。我们在面对课题的时候——前面也已经说过好几次了——也会想要找一些理由进行逃避。就是"是的，但是"。怯懦的人常常会采用"是的，但是……"之类的说法。抑或是在日常生活中多用因为 A 所以做不到 B 之类的逻辑。

帮助其不受困于自卑情结，不搬出逃避课题的理由，能够勇敢致力于课题，阿德勒称之为"赋予勇气"，并说能够勇敢致力于课题的人"有勇气"。而"有勇气"的反义词就是"怯懦"。

怯懦和勇气会传染

当今社会，怯懦的人似乎在不断增加。阿德勒说，"勇气和怯懦会传染"。

伊坂幸太郎在《单挑》这部小说中引用了阿德勒的这一说法，小说前半部分围绕"怯懦会传染"这一话题展开。怯懦的人会尽可能地想要逃避课题，那个人所具有的怯懦会传染给其他人，小说在持续探讨这一话题之后，最后又说"但是，会传染的不仅仅是怯懦，勇气也会传染"。阿德勒用"勇气和怯懦会传染"这样一句话表述的道理，伊坂以小说的形式巧妙地展开了叙述。

这种勇气与合作只有从自身具有勇气并懂得合作的人那里才能学到。

这也是阿德勒的话，他说勇气与合作实际上只有从具有勇气并懂得合作的人那里才能学到。如何才能摆脱怯懦呢？或许无法一蹴而就，但首先必须摈弃"犹豫不决的态度"，不再逃避课题，努力拿出致力于课题的勇气。

弗朗克·巴布洛夫（Franck Pavloff）的《棕色的早晨》从突然颁布了"不可以养棕色以外的宠物"这样一条法律开始展开故事。后来，大街慢慢被染成棕色，对此，主人公虽然感觉很恐怖，但什么也没有做。就这样，一直认为是与自己无关的他人之事，但，某日早晨……

故事描写的是，放弃思考事情是否合理继而被动接受变化的恐怖性。

"本应该说'不'的。但是，怎么做呢？"

即便面对熊熊燃烧的火灾，也不可以绝望。如果认为即使这么做也无济于事、全都是徒劳，便什么都不做的话，大火只会越烧越凶。倘若认为自己一个人即使做些什么，这个世界也不会发生任何变化，便放弃努力的话，那就是怯懦。不要这样消极被动，哪怕是点滴之水也要不停地泼向熊熊燃烧的大火。这样的水即便再怎么微弱，每个人都必须拿出这么做的勇气。

本章分析了防御型性格，具备这一性格是为了逃避人生课题。如果与人来往，或许就会产生摩擦并受伤。如果致力于工作，虽然会有结果，但未必总能获得好结果。

因此这类人就会远离课题或者面对课题犹豫不决、停滞不前，缺乏的是勇气。为了获得不再逃避课题的勇气，首先必须理解这一点：并不是因为容易不安的性格或者怯懦才想要逃避课题，而是为了逃避课题才选择了那样的性格。

04
Chapter

第四章
开朗、固执、喜怒无常
——其他性格的表现形式

生活方式与性格

本章分析一下阿德勒在《性格心理学》中归类为"其他类型"的几种性格，阿德勒在这本书中使用了"性格"一词，并对性格进行了相当详细的分类。但实际上，他在其他地方并不怎么使用"性格"这个词，取代该词经常使用的是"生活方式"一词。

两个词哪里不同呢？"性格"往往被定位为某个人"生活方式"的外在表现。

那么，"生活方式"是什么？阿德勒称其为"无意识的人生目标"。人在无意识中设定的生活目标，换句话说就是那个人心底深处所渴望的生活方式，诸如想要变成那样或者想要这样活着，等等。

这里提到了不自觉、无意识，一般情况下，这是一种自己意识不到的模糊概念，甚至于别人不指出自己都不知道。在心理辅导中我有时会诊断患者的生活方式，常常是在被我指出之后患者才恍然大悟般地认识到，并吃惊地说"是嘛，是这么回事啊"。

这种不自觉的人生目标就是"生活方式"，而其表现出来的便是"性格"，这就是阿德勒的定义。

01　开朗的性格

"开朗"者的生活方式

首先来解析一下"开朗"的性格。所谓开朗，就是指明朗快乐的性格，这样的性格哪里有问题呢？

具有开朗性格的人的生活方式当然也因人而异。作为其中的一例，阿德勒列出了这样的一类人，他们往往非常重视与他人之间的沟通，总而言之就是，认为他人绝非企图陷害自己的可怕者，而是必要时愿意帮助自己的同伴。具有想要构建更好人际关系这一"生活方式"的人往往会表现出"开朗"的性格，我们首先来看一下这种性格。

他（她）们（具有共同体感觉的人）具有开朗的特征，不会总是压抑沉闷、胆战心惊地行走，也不会把别人当成自己担心提防的对象，与人相处时总是表现得很开心，认为人生美好而有意义。

上一章讲到的"保守"性格者，他（她）们往往会令人莫名紧张、担心。倘若有非常郁闷的人在，周围的人当然会有些担心。与此相对，渴望与人建立联系、愿意与人沟通的人就不会让周围的人产生这种担心。

具有共同体感觉的人往往会想要去帮助、取悦他人。这一点从他（她）们的外表、笑容也可以看出来。

这里出现了"笑容"一词。阿德勒是一个从西方古典文学到近现代文学都非常精通的人，他在这里提到了陀思妥耶夫斯基。

洞察力深刻的陀思妥耶夫斯基说，比起费事的心理学诊断，笑容能更好地帮我们认识、理解一个人。

人会说各种各样的话，但比起语言，行为或表情更能帮我们理解一个人。人所说的话有时会与表情不相符。这种时候应该优先考虑哪一方面呢？不是语言，而是行为、态度、举止——此处就是"笑容"更能帮我们了解那个人。

陀思妥耶夫斯基在长篇小说《少年》中这样写道。

"倘若想要看清人、了解人的灵魂，比起观察那个人沉默的样子、高谈阔论或哭泣难过的情形或者是为进步的思想激动不已的状态，倒不如仔细看看其笑着的模样。假如笑的方式很好——那也就意味着其是个好人。"

说"笑的方式好，就是好人"，我认为这很有意思。

阿德勒还说了这样的话。

喜悦是克服困难的正确表现。并且，笑与喜悦联手来解放人，可以说是这一情绪的重要基石。

我们能够用笑与喜悦来克服自己面临的困难。

我曾长年照顾患认知症的父亲。家中的院子里，一到冬天，山茶花就会开。这个时候，鹎鸟常常会飞来玩耍。并且，它们还会吸山茶花的蜜。看着鹎鸟吸蜜的模样，父亲大声地笑起来。

平时常常郁闷也不怎么说话的父亲看到鹎鸟吸蜜的模样时大声地笑了。看到这一情景的我和家人同样也大声地笑了起来，那一时刻，我真切感觉到了人与人之间的深深联系。

在那一瞬间，既没有过去也没有未来，人完全是活在当下、活在此时此刻。接下来父亲要怎样去克服疾病，或者会不会再也无法恢复，还会有什么样的事情在等着我们，甚至连这些事情都不再去考虑，只是一起感受喜悦，那一瞬间，所有人非常幸福。阿德勒认为，包含这种以笑为代表的喜悦情绪在内的"开朗"可以使人与人紧密相连。

源于追求优越性的开朗

不过，阿德勒并不仅仅是分析了这种开朗特征，还对其他生活方式进行了多方面的考察，指出了开朗背后所隐藏的其他特征。

笑具有使人紧密相连的意义，但也含有诸如开心于他人不幸的心情之类的敌对性、攻击性的成分。

原本应该起到使人与人紧密相连作用的开朗，有时也会像"开心于他人不幸的心情"一样，妨碍人与人之间建立紧密联系。

并且，也有些喜悦似乎是想要通过感受开心于他人不幸这样的心情，来确认自己比那个人更优越——用阿德勒的话说就是"优越性追求"。例如，蔑视人的笑。

阿德勒举了这样一个事例，某个服完兵役的患者讲述说，其在从军的时候看到有关骇人听闻的损伤或令人惊恐的毁灭的新闻就会无比开心。在战时报道中看到自己国家的军队攻入敌国予以重创的新闻，这原本并非作为人应该高兴的事情，但即使有人会因此而产生喜悦的感觉，也并不奇怪——这种喜悦的心情也是另一个方面。

此外，阿德勒还介绍了下面这种喜悦表现。意大利南部的港口城市墨西拿，在1908年12月28日发生了大地震。据说墨西拿因此陷入了毁灭状态，死者超过75000人。在听到这个地震消息的时候，某个患者明显地流露出喜悦之情，并大声地笑了出来。

不过，这并非如前所述的开心于他人不幸的心情。对该患者仔细诊断之后发现，其笑出来是为了不至于在悲伤中感受到自己的渺小。也就是说，这是为了自己不被悲伤击垮，故意利用喜悦的表现。在喜悦或开朗的背后，存在着各种各样的生活方式。

与"开朗"相反类型的人

接下来，阿德勒分析了与"开朗"相反类型的人。

有的人抱着无比沉重的负担努力挣扎在人生路上。无论多么微小的困难都会被夸大，对将来也只抱着悲观的想法，即便出现再怎么值得欣喜的机会也只能发出卡桑德拉式的呼喊。

阿德勒说，这样的人"把世界看作叹息之谷"。"叹息之谷"是《圣经·旧约·诗篇》中出现的词语，原文中的意思与阿德勒所列类型的人不同，说的是通过神的指引发现勇气，在心中找到广阔道路的人，"即便是在通过叹息之谷的时候也会将其视为甘泉"。

只要活着，我们就不可能完全避开"叹息之谷"，也就是"痛苦"。本来佛教也说，我们的人生充满痛苦。虽然痛苦，但有勇气的人却能够视其为甘泉，这就是《圣经·旧约·诗篇》的解释。只要活着就不可能完全避开痛苦，但怎么看待这一点却会因人而异。

再回到阿德勒的引文，因看法不同，有的人也可以将痛苦视为甘泉，但与开朗相反类型的人无论遇到再怎么值得高兴的机会也会发出"卡桑德拉式的呼喊"。卡桑德拉是希腊神话中的一位公主，被阿波罗爱上遂被赐予预言能力，但又因为拒绝阿波罗的求爱而被诅咒无人信其预言。卡桑德拉虽然预言到了特洛伊的灭亡，但无人肯听她的预言。"只能发出卡桑德拉式的呼喊"一般仅用来形容不吉利的事情。

实际上，喜欢讲不吉利事情的人或许并没有那么多，但当大家都开心地笑着的时候，有的人却会独自闷闷不乐、一脸愁容。

他（她）们始终保持悲观态度，不仅仅是对自己，对他人也十分悲观。每当身边有高兴的事发生就会变得不安，还会将人生的阴暗面带入一切人际关系中。他（她）们不仅会利用语言这么做，还会通过行为或要求去妨碍同伴的喜悦人生和发展。

幸福的人虽然幸福，但也会不安。在最幸福的时刻，他们有时也会担忧地想，"这种幸福究竟能持续到什么时候呢"。

我有了孙辈之后便和孙辈一起生活，感觉现在很幸福。不过，在独自一个人待着的时候，就会想一些不开心的事情——例如，自己现在已经64岁了，今后还能活多久啊？究竟能活到孙女结婚吗？等等。如此一来，就会认为这种幸福不可能一直持续下去。这种情况就意味着"带入人生的阴暗面"，有人也体会过这种不安吧。

或者，也有人会认为只有他人幸福，自己一点儿也不幸福。在年轻人中，一旦朋友们陆续结婚的话，或许有人就会不安起来，认为只有自己被幸福抛开（不过，结婚也并不意味着一定会幸福，这一点或许结婚时间长的人都能明白吧）。

此外，在人际关系中，对方的态度稍微有些变化，有人就会担心其是否不像以前那么爱自己了。一旦如此，明明对方的态度实际并无变化，但也会把一切都想成对方不再爱自己的证据，进而变得不安，无法再像以前那样天真单纯、开心快乐。同样的事情也会发生在人生各个方面。

阿德勒说，这种悲观的人"（眼睛）总是盯着人生的阴暗面，比乐观主义者更常意识到人生困难并容易失去勇气"。但是，这里很重要的一点是，这样的人并不是因为遇到什么困难才失去勇气。例如，并不是因为遭遇事故才失去勇气，也不是因为经历过朋友或恋人的背叛才变成悲观主义者。

对将要发生的事情充满不安——这一点在上一章的"不安"部分也写到了——是为了逃避课题。课题是指"人生的课题"，为了逃避人原本无法避开的人生课题而变得不安和悲观。满怀不安的人至少是不想积极致力于课题吧，明明并不知道结果会如何，但却一开始便想要通过制造不安情绪来逃避课题，至少是在不愿积极投入这个意义上去逃避。

并且，这样的人还会对其他人说一些悲观的话，诸如"虽然现在看起来很幸福，但不要以为会永远这么幸福"，等等。他（她）们往往不满意于只有自己不幸福，因此，常常试图将他人也卷入其中。

思考：如何应对悲观型母亲的烦恼

（节选自 NHK 文化中心"性格心理学"讲座答疑）

听众： 我的母亲正是这种"与开朗相反类型的人"。虽然我们是分开住，但母亲常常生病，好像患上了帕金森病，于是便总是跟作为女儿的我诉说其苦恼。请您教教我该如何应对这种状况。

岸见： 无论您的母亲抱有什么样的想法，都不能对她说"那是错的""那不行"，或者要求她说"希望您能改改这种想法"。这终归是您母亲自己的课题，即便是孩子也什么都做不了。

此外，如果否定说"也许是妈妈您那么想，但我并不这么认为"，老人可能就会认为"这个孩子已经不愿听我讲话了"，如此一来，就无法再沟通下去。

因此，赞成还是反对先放到一边不谈，重要的是尽力去理解她说的话。只把注意力集中在尽力理解其倾诉意图上，先听她把话讲完。

现在愿意跟你倾诉苦恼倒还好，一旦连倾诉也不愿意了，那就会更加苦恼。因此，虽然你也许根本无法认同母亲说的话，或者想要说"人并不只有这些不幸的事，也有好事啊"，但这样的话暂时不要说，第一个阶段首先要说，"听了您的话，我非常明白妈妈的想法"，以此来对其表示理解。

接下来就可以进入第二个阶段。在第二个阶段，你可以说"我很明白妈妈您的话，但我并不这么认为"，但前提是得先告诉母亲"我非常理解妈妈的不安，但我还是为能够像现在这样跟您聊天而感到开心。今天这样的交谈沟通对我来说非常高兴且可贵"。

如果接下来发生的事情无法预测，那倒不如尽量别往坏处想吧。要想办法告诉母亲这个道理。但是，更要不断跟母亲说至少当下这一瞬间能够跟其一起度过就令自己感到非常开心。

听众：也就是说，不要期待对方有所反应或变化，而是去调整自己的心态吧。

岸见：是的。假如自己被置于与母亲一样的状况，或许也会想要对周围的人倾诉自己如何辛苦吧。我并没有自信在陷入那种状况的时候依然能保持冷静。能有家人认真听自己讲话，对您母亲来说是件幸福的事情。希望您乐意担起这个任务，并能认为这个任务绝不是什么痛苦讨厌的事情，进而庆幸自己能够担负。

如果是其他人听了您母亲同样的话，或许会单方面地否定说"不必去担心这种事情"，实际上，或许您的母亲就曾被这样对待过。

假如继续进入下一个阶段，那就要告诉她，虽然相信她有能力独自解决自己的病，但那并不只是母亲一人的课题，自己也想要尽力帮忙，并准备共同面对。

不过，同时也要问清楚什么是自己能够帮忙做的事情。如果母亲说"就是希望你能听我说说话"，那就只能听她说说话。倘若母亲说"如果有更好的治疗方法的话，希望你帮我找到那样的医生"，那就帮她找医生。关键是不要自以为能帮上忙就擅自采取行动。

一般而言，人在什么时候会想要敞开心扉讲话交谈呢？只有在确信"这个人绝不会打断我的话，会耐心听我说完"的时候才会畅所欲言。并且，当能够感受到对方绝不会对自己的话妄加评论乱下判断的时候，才会认为"可以对这个人敞开心扉"。

02　不成熟的性格

总是走不出"学生"角色的人

接下来要分析的性格特征是"不成熟"。首先来看一段引文。

经常会遇到给人以这种印象的人，他（她）们停滞在某个发展阶段，始终走不出"学生"角色。他（她）们在家里、生活中、社交或工作场合也像学生一样，总是像在等待什么暗号一样随时侧耳倾听。在被集中提出的问题前面，他（她）们往往会像是要抢先于谁一样地展示自己所知道的事情，像是期待得到高分一样地试图急着回答。

小标题中译为了"不成熟"，如字面所示，就是指引文中所说的"像学生一样"或者"充满学生气"的意思。倘若是在教室里，仔细听老师讲话，举手回答老师的提问，这当然没有任何问题。

但是，如果不是在教室里，而是在其他人际关系中，倘若有人既不去享受对话交谈，或者，在大家讨论什么事的时候，也不拿出一起想办法解决问题的态度，只是一味为了向他人炫耀自己所知而侧耳倾听，随时等待发言机会，那又会怎样呢？

在与他人的对话中不去发挥建设性的作用，只是为了展示自己的知识而随时等待发言机会，这样的人实在是令人感觉麻烦。这种人的发言大都给人以肤浅的印象。明明话题已经展开，但因为想要给大家以好印象，希望听到别人惊叹地说"那样的事情你也知道吗"，渴望别人感叹自己说话井井有条，因此便会不听别人讲话，而是努力组织自己的话。所以，在获得发言机会讲话的时候，往往原来的那个话题已经过去了，或者说一些不着边际的题外话。

这样的人非常关心自己而不关心他人，总是想对别人炫耀自己很优秀，用阿德勒的话说简直就是"像学生一样的人""充满学生气的人"。

欠缺灵活性

接着来看前面引文的后续。

这种人的本质是只能于生活里的一定形式中体会到安定感，一旦进入学生模式无法适用的状况，心情就会不好。这种类型的人也会展示出不同层次的差异。在不怎么能够产生共鸣的情况下，这样的人往往给人以冷淡、清醒、不喜欢社交的感觉，或者是想要扮演什么都懂或者试图将一切都按照规则和形式加以区分的学识渊博者。

这样的人不仅仅是讲话发言，其存在本身也往往随波逐流、浮于表面，或者是不谙世故，常被人说"不成熟"。即便如引文中所言，貌似学识渊博地试图将一切事物"按照规则和形式加以区分"，可是，一旦遇到无法这样做的情况时便会陷入恐慌之中。

这种情况的处理对策原本应该是将发生的现象看作是例外情况，倘若例外情况太多，那就去改变规则和形式，但不成熟的人却不具备这种灵活性。

即便是现在也经常会发生这种情况，人们并不知道定好了的事情是否会顺利进行。倘若知道其无法顺利进行的话，那就可以改变一下做法。但是，常常出现的情况却是：一旦定下了规则或方针，这类人就会一直固执于此，愈陷愈深。

应对新冠肺炎疫情或许也是如此吧。如果有相似的例子，或许就能够据此制定准确方针，但这次是未知病毒，根本无法预测会发生什么。倘若如此，也只能灵活改变应对方法，但似乎很多人并不愿这么做。阿德勒称这样的人为"像学生一样的人"。

03　固执的性格

试图将人生嵌入规则和公式中的人

虽然在小标题中译为"固执",但阿德勒在与前面分析到的"像学生一样的人"之间的关联中列举出的是"原理主义者"。

原理主义者也并非总是具备不成熟的特征,但容易给人这种印象的人往往试图通过某种原理去理解人生现象,认为无论什么状况都会按照一个原理发展,这个原理永远正确,绝不会有什么例外。并且,在人生中,倘若不是一切都沿着已经习惯了的正确道路发展的话,就会变得很不愉快。他(她)们还常常拘泥于琐事。

所谓"拘泥于琐事",用阿德勒的例子来讲就是,总是走在人行道的边缘或者几乎不愿去走已经习惯了的路之类的情况,总之是指这样一种生活方式:如果没有规则、形式、原理,就无法向前行进。

原理主义者倘若能够提前知道规则或者预先定好原理的话，只要不脱离其中，就会安心前行。但是，根本不可能有什么丝毫不偏离预设之道的人生。今后将要发生的事情无法预知，很多事情都会出乎预料，这就是人生。我认为，有些事情出乎自己的预料也可以说是人生的一种喜悦。如果一切都规定好的话，或许会安心，但那样是不是也就失去了生活的意义呢？

下面是从阿德勒的其他著作中引用的一段话。

社会制度是为了个人而制定，但个人并不是为了社会制度而存在。个人的救赎事实上在于拥有共同体感觉。但是，那也并不意味着就要像普罗克斯泰斯的做法一样，硬要让人躺在社会这张床上。

（《儿童教育心理学》）

普罗克斯泰斯是传说中盗贼的名字，他让被抓来的旅人躺在自己的床上。如果旅人的身体比床短，就强行拉伸其脚和头，相反，若是比床长的话，就将其身体超出床的部分砍掉，用这种残忍的方式行凶杀人。原理主义者就想做和普罗克斯泰斯一样的事情。自己的规则或原理是绝对的，遇到现实无法处理的情况，就视现实为例外，并试图硬让其适应原理，或者强行舍弃。

阿德勒在这里提到了"共同体感觉"，但即便是关于这种共同体感觉，也最好不要固执地认定"那就是这样"。在长年学习阿德勒心理学的人中，有人会用"那个人具有共同体感觉"之类的说法来评价他人。并且，倘若有人践行他们所认为的共同体感觉，就会对其加以赞赏，否则，便会单方面地判定说"那个人与人不和""不顾及共同体之事"。

但是，阿德勒的共同体感觉究竟是指什么，并不能僵化地去定义。关于共同体感觉，似乎也有越来越多的人试图用固定的床一样去认定，并让人躺在上面，进而判定说"这个人做得不够""这个人做得有点儿过了"。

在评判人之前，必须先能够进行自我评价。不是他人，首先要好好审视一下自己。并且，不能拘泥于自己的规则或原理，必须就事论事、随机应变、灵活处理。

质疑、舍弃原理的勇气

这是了解原理或规则的人反而更容易犯的错误。我虽然在学习阿德勒心理学，但并不认为阿德勒就绝对正确，也有一些想要批判阿德勒的想法。

但是，那些认为阿德勒的话绝对正确的人们就常常会成为"原理主义者"。

这种类型的人都不太喜欢人生的广阔领域，他（她）们的特征就是常常浪费很多时间，让自己和周围的人都不愉快，一到必须投入新状况的时候就会失败。因为他（她）们无法为这种新状况做好准备，并认定倘若没有规则就无法容忍。

如果了解到自己之前认为正确的原理无法适应现实，那就可以将这种原理舍弃。如果知道新的方法对自己今后的生活有用，那就可以转换到新的方向。可是，很多人却会固执于之前的做法。如此一来，最终只能是浪费时间，迷失在"人生的广阔领域"之中。

我们在本书中考察的"性格"也是"原理"一样的东西。这类人坚信"自己只有这一种性格"，因为不了解其他的性格，无论觉得自己之前生活中所拥有的性格多么不便、不自由，但一想到变成其他的性格之后不知会发生什么就会变得不安。因此，便会继续固执于之前的做法。从这个意义上来讲的话，我们最好明白阿德勒在这里所说的原理主义者绝不是指那些特别的异常之人。

对这样的人来说，仅是季节变换到春天都会给其带来困难，因为他（她）长期以来已经习惯了冬天。天气变暖，到外边去，由此形成的与更多人之间的人际关系令他（她）们害怕，心情也随之变坏。一到春天，必定会变得不愉快。

在漫长的冬天之后，春天终于到来了，一直缩居在家的人或许也想要到外边去吧。但是，原理主义者往往试图尽可能地逃避变化，因此绝不会认为春天的到来是件值得高兴的事情。例如，一旦迎来新学期或者到公司就职，势必会结识一些人，必须构筑新的人际关系。阿德勒说"人际关系是烦恼之源"，对他们来说就更是件麻烦的事情。

但是，我们也说过好几次了，只有在人际关系中才能获得幸福或生存喜悦。在新环境中，你或许也会遇到一些麻烦难缠的人，但还是要拿出不惧变化的勇气。

04 自卑的性格

服从乃人生法律

接下来要看的是"自卑"。一言以蔽之，试图将自己放得比对方低的人就是自卑的人。在人际关系中，不论年龄、职业，大家都是平等的，这是阿德勒的基本主张。

倘若有孩子希望获得表扬，就说明那个孩子自卑。寻求"获得表扬"就意味着希望表扬者将自己视为臣下或部属。

或者，向某人提问的时候，即使提出问题，有时候也得不到满意的答案。这种时候，接着提问就可以了。但是，比如说记者向政治家提问的时候，常常会得到一个"没有答案"之类的回答便结束了，可是，仅仅说"没有答案"的话，完全说明不了问题，而就此接受这种说法的记者就是自卑。此外，也许可以说，为了明哲保身而不讲该讲之事的政治家也同样是自卑。

自卑的人没有自觉性，不愿自己主动去思考行动。虽然也会去注意他人，但那并非为了仔细思考那个人所说的话，而是为了无条件地同意并去执行。他（她）们常常会让自己去服从。

接着，阿德勒还列举了女性问题。

突然想起来很多人看上去似乎把服从当作人生法律。这里并非在说服务行业的人，而是在谈论女性问题。

女性朋友们，先说声对不起，请不要生气。在阿德勒写这本书的 20 世纪 20 年代，这是一种现实。下面是引自其他书中的一段话。

一方面，男子汉气质往往被与富有价值、具有力量、取得胜利之类的概念同等看待，而另一方面，女性特征则常常被与顺从、服务、从属之类的概念同等看待。因为这种思维方式深深植根于人的思想之中，所以，在我们的文化里，往往认为，优秀的东西都具有男性特征，而价值低劣或会遭忌避的东西则都是女性化的事物。

（《理解人性》）

虽然我并不认为阿德勒说的这一点是正确观点，但不可否认的是读他的著作会给人一种男性优势思维的印象。男尊女卑未必是其积极采用的观点，即便如此，仍然能感受到其受时代和社会的影响。在这里，我们不去拘泥于男性、女性的问题，请大家仅仅去注意阿德勒想要说的事情。

在其他的书中，阿德勒主张"人类平等"。

如果想要和睦共处，就必须把对方作为平等的人来对待。

（《人为什么会患神经症》）

也许这会被认为是理所当然的事情，但即便是现在，依然有无法这么想的人，这也是事实。

要谈理想

下面这段引文怎么样呢？

要想实现男性和女性的共生，必须构筑男女双方都不处于服从地位的同伴关系和劳动共同体。即便目前这仍然只能是一种理想，但或许会成为一种基准，至少它总是让我们知道人取得了什么样的文化上的进步，或者还有多远的距离，以及错误出在哪里。

我认为当今不会有人公然宣称男尊女卑，但是，在读阿德勒的这篇文章时，我仍然无法断言说"这很陈旧""明显不符合时代精神"，这一点令人遗憾。

在这里大家要注意一点，那就是，在 20 世纪 20 年代，阿德勒明确表示这或许"仍是理想"。哲学不可以止于追认现状，仅仅讨论现状的话，没有什么意义。即便现实与理想有一定的差距，甚至是相距甚远，但我们应该认为正因为有现实才更需要有理想。

阿德勒在这里所主张的"理想"仍然没有得以实现。也许我们应该重新对其加以明确，并认识到我们依然生活在这样的时代。

下面是一段关于孩子的引文。

我们必须把孩子作为朋友和平等的人去对待。

（《儿童教育心理学》）

不平等看待孩子的大人或许还有很多很多，有人会满不在乎地说"大人和孩子不一样"，并说孩子可以进行批评，有时也可以鼓励、表扬。我总是强烈地想要和阿德勒一起主张，"不可以是这样的时代"。

05　自大的性格

自大者亦得有所约束

接下来要看的是"自大"的性格。

与刚刚叙述的自卑的人相反类型的是自负自大的人，这类人常常想要扮演最重要的角色。对这样的人来说，人生只是一个"怎样我才能胜过所有人"的永恒追问。

"胜过所有人"就意味着"位于所有人之上"，试图支配所有人，这与自卑的人"试图将自己放得比对方低"的特征正相反。

试图将自己置于他人之上，这就是"自大"。

在国民处于动荡之中的不安时代，这种性格的人往往会出现，他（她）们升到上层原本就是理所当然的事情。因为他（她）们具有（适合支配的）行为、态度和意愿，并且，一般还具备必要的准备和思虑。

阿德勒说，这样的人在需要指挥（领导）的地方大多会被自动地推举出来。也就是说，自大的特征，倘若没有太过敌对性的行为倾向，某种程度下，其作用会被接纳和认可。

《性格心理学》出版于 1926 年。意大利的墨索里尼建立了最早的法西斯政党并于 1922 年确立了独裁政权体制。同年，阿德勒接受了《纽约世界报》的采访。报纸的新闻标题是"墨索里尼由于儿时自卑感造成的坏情绪而加速了攫取权力的战争"，阿德勒表示"自卑感越强烈，优越感就越具暴力性"。

阿德勒预言说，"于经济性成功方面遭遇失败"的墨索里尼在经历了幻灭和绝望之后，或许会走向源于强烈自卑感的暴力行为。但是，我读到这段引文的时候却认为，即便是在动荡不安的时代，也不可以说自大的人"升到上层原本就是理所当然的事情"。

只要有前面提到的自卑、顺从的人存在，就必须警惕自大支配者的过火行为。因为，顺从的人往往会对支配自己的人给出过高的评价。所以，看看今天的状况也能明白，日本政权的支持率丝毫没有下降。因为有喜欢给出这种评价的人在，所以必须要小心。

在阿德勒的表述中，称自大的支配者是"站在深渊前面的人"，但是，他们也会犯错，并有可能因此而造成共同体的毁灭。绝不可以让共同体与他们一起毁灭。

想当第一的人

此外，阿德勒说，自大的人自儿时起在家庭中也是经常发号施令的人。根据其儿时对什么样的游戏感兴趣或者喜欢什么样的游戏，某种程度上可以预测出其长大之后会成为什么样的人。

自大的人儿时都玩什么样的游戏呢？"御者"——这是个稍微带点儿年代感的词，用英语讲就是driver，是领导、指挥人的人。在现代阿德勒心理学中，作为生活方式类型的一种使用了driver这个词。阿德勒说，自大的人儿时应该会喜欢能够当御者或将军的游戏。

因此，自大的人一旦被他人发号施令，就会一下子无法工作，或者陷入兴奋状态。总之，对他（她）们来说，唯有当第一是重要的，他（她）们常常希望自己处于比他人优越的地位。

那么，这样的人具备领导能力吗？或许没有。因为他们一心想着当第一，所以就会只考虑自己。也就是说，完全没有为共同体奉献的意识。总之，因为他（她）们的自尊心太强，所以，即便自己制定的方针错了，也绝不退让。

06 喜怒无常的人

视目的而改变心情的人

接下来要讲的是"喜怒无常的人"，就是指心情变化无常的人。实际上，与其说是变化，似乎说是改变更为准确。

即便是关于那些对待人生及其相关课题的态度极大地依赖心情的人，心理学如果视其为与生俱来的现象，那也不对。这些特征全都属于那些有野心，并因此而十分敏感的人，当他（她）们无法满足于人生的时候，常常会寻找各种各样的逃避方式。这些人的敏感性就像是伸在前面的触角，在决定采取什么态度之前，会预先用其探察人的生活状况。

我认为喜怒无常的人相当多，周围的人恐怕也深受困扰。一旦他（她）们不高兴，周围的人就必须小心翼翼地与之接触。当然，他（她）们就是看准了这一点才会变得不高兴。就像前面已经说过的那样，与其说他（她）们的心情时常变化，似乎更应该视其为通过时常改变心情来达到控制周围人的目的。

上一章中讲述了"不安情绪的人"在接近课题的时候，虽然也会向前伸出手，但时而会用另一只手遮住眼睛，以便不去面对危险。这种人的"手"就是不安情绪。

因为不安，所以会遮住眼睛，没有睁大双眼面对课题的勇气。但是，因为还睁着一只眼，所以也不会在课题面前完全止步不动，会极其缓慢地朝着课题前进。

喜怒无常的人比这还要稍微积极一点儿。我认为"触角"是一个很有趣的比喻，用"伸在前面的触角"探察状况，判断是否要面对课题，一旦认为"现在已经不该继续前进了"便会立即变得不高兴（改变心情）。所谓喜怒无常的人就是指能够瞬间做到这一点的人。虽然准备前行，可一旦认定无法前行的时候便会随即变得不高兴。

喜怒无常者基本上比较开朗

阿德勒说，喜怒无常的人时常会展现出充满孩子气的乐观开朗态度。

有的人常常怀着乐观开朗的心情，并因此而炫耀或者强调，努力捕捉人生的光明面，并极力在喜悦与乐观开朗中打下人生所需要的基础。这其中也能看到不同人所具有的不同水平的差异。

有的人时常展现出充满孩子气的乐观开朗态度，在孩子气的做法中获得某种令心情愉快的东西，虽然其并不逃避课题，但往往试图像玩游戏一样去面对、解决。在发现、感受美这一点上，恐怕没有能胜过这种性格的类型。

虽然并不回避所面对的课题，但常常不加以严肃对待，而是充满乐观精神，试图像对待游戏一样地去面对、去解决。不过，这总会令人感觉有些不稳重。

可是，他（她）们中也有人将人生理解得太过乐观，面对必须严肃对待的状况也会过于乐观地加以处理，并随之展现出孩子气的性格。这种性格因为与人生的严肃性相距甚远，往往不会给人留下好印象，常常让人觉得靠不住。因为具有这种性格的人常常试图过于简单地去克服困难。就像经常见到的一样，一般情况下，人们会因为这种认识而避开困难课题。

无论是什么课题，如果不努力就无法完成。可是，由于本人往往会说一些"没什么，不要紧"之类的话，周围的人就会"感觉靠不住"。倘若尽管认真致力于课题但还是失败了，或许能够获得周围人的理解，可喜怒无常、性情不定的人常常会被认为并没有认真对待课题。

尽管如此，我们还是忍不住要对这种类型的人说一些共鸣性的话。因为，这一类型的人比起社会上普遍存在、多到几乎占支配性地位的不开心者，还是令人感觉愉快。比起那些与这一类型相反，总是悲悲戚戚一脸不开心，遇到什么事都只看其阴暗面的人，不得不说这一类型的人还是更容易令人接受。

也就是说，喜怒无常的人比常常悲悲戚戚一脸不开心的人更容易令人接受。说不开心的人"在这个社会上占支配地位"很有趣吧，这就意味着这个社会上不开心的人相当多。

倘若暂时撇开太过乐观所引起的问题，阿德勒并未对那些不会总是不开心的喜怒无常者加以全面否定。

07 自怜的人

具有扭曲虚荣心的人

不知道是否可以称为性格，阿德勒列举出了这类总是认为"自己不幸"的人。

这种人宛如不详之灵就只缠着自己一样地行动，总是认为暴风雨天里雷也肯定会只瞄准自己击打，甚至会因为害怕盗贼闯到自己这里而苦恼不已。总之，这种人不论是什么事，一遇到人生困难，就会觉得似乎是不幸选中了自己。

也就是说，这种人常常将自己看作是悲剧中的主人公。但是，他（她）们自己未必讨厌这种做法。阿德勒说，这种甚至表现出为失败而骄傲倾向的人是在满足自己的"虚荣心"。这是一种有点儿扭曲的虚荣心。本来，想要让自己看上去更强大才是虚荣心，但这里却是想要借助自己的不幸遭遇使自己成为事件的中心，在这个意义上来讲，他（她）们也是一种具有虚荣心的人。

他（她）们的心情常常展露于表面行为上。一脸忧郁地佝偻着身子走路，似乎是为了向人展示自己背负着无比沉重的负担。令人不禁想起必须一生背负重担的女像柱。他（她）们把一切都想得过于严重，用悲观的眼光去判断事物。由于抱着这样的心情，自怜者往往认为无论做什么都会不顺利，不仅仅是自己的人生，认为他人的人生也充满痛苦和不幸。并且，其背后隐藏的也就是虚荣心。

"女像柱"是指古希腊建筑中代替柱子支撑起横梁的女神像。阿德勒说有的人会夸耀自己宛如女像柱一样地负重生活。只要宣称因为不幸而导致人生不顺，这样的人或许就不愿意努力投入人生课题之中。

与此相反，有的人会认为自己很幸运，有的人认为自己做什么都会顺利。但是，这样的人一旦遇到不如意的事情就会挫伤勇气。阿德勒常常举出这样的事例，认为自己做什么都会很幸运，以为自己一直活在顺风顺水的幸福人生中，这样的人某天突然遭遇重大变故的时候，突然就因此挫伤了勇气，陷入忧郁状态。

阿德勒的分析很有意思，他认为这样的人跟认为自己总是会遭遇不幸的人一样，也具有"虚荣心"。

不妨求助他人

最后说一下我认识的一个人的经验之谈，并以此来结束本章内容。

某日，他在街上遇到了一只野狗。他曾被母亲教导说在街上遇到放养的狗或者野狗的时候绝对不可以逃跑。因此，他按照母亲说的，一动不动地站在那里，结果，被那只狗一下子咬到了脚——他讲述了这样的一段记忆（用我们的专业术语讲就是"早期记忆"）。

把这种不幸经历作为早期记忆讲述的人具有一个共同特征，他（她）们大多难以视他人为同伴，或者认为这个世界非常危险。因此，通过给这样的人进行心理辅导，我会好好告诉他（她）们：这个世界并不像你想象得那么恐怖，他人也并不全是敌人，还有想要帮助你的同伴。

我对被狗咬过的他也说了那样的话，结果，他的早期记忆发生了变化。原来的早期记忆结束于被狗咬了的时候，但这次他想起了那之后的事情。

他亲口说，虽然当时确实是被狗咬了，但之后，一位不认识的叔叔让他坐在其自行车架上带他去了医院。如此一来，故事的意味就完全不同了。从展示这个世界充满痛苦的故事变成了有人帮助自己的故事。

在前面分析"自怜的人"的引文中，有"一脸忧郁地佝偻着身子走路"这样的表述，总是佝偻着身子的人是想要跟人展示自己背负着重担，其背后隐藏的是自卑感。相反，挺着身子笔直站立的人是想要让自己看上去比实际强大，这样的人往往具有优越情结。阿德勒指出两者都不可取。

既不必让自己看上去过于背负重担，也不必硬装强大，完全可以放松自如。也就是说，我们既不需要夸示自己的无力或者宣扬这个世界很危险，也不必认为自己可以不靠任何人的帮助活着。

除了等待他人的帮助，或许我们可以主动向他人求助。如果有自己做不到的事情，可以坦率地告诉他人。当然，如果自己能够做到的事情也去麻烦别人之类的做法，阿德勒并不认可，但可以依赖他人。或许我们可以通过在人生中形成这样的思维来获得轻松一些的生活方式。

05
Chapter

第五章

愤怒、悲伤、羞耻
——情绪是性格的亢进

作为性格"亢进"的情绪

本章来分析一下"情绪"。例如，不是分析易怒的性格，而是去思考发怒这一情绪（感情）。那么，阿德勒为何会在《性格心理学》这本论述性格的书中去考察"情绪"呢？他在一开始便这样写道。

情绪是我们称其为性格特征的现象亢进之后的结果。

所谓"亢进"，是指心情或病情过度恶化，也就是说，性格方面的特征集中爆发时就表现为情绪。反过来讲，时常表现出某种情绪的人就会具有某类特定的性格倾向，性格同样有着制造出相应情绪的某些"目的"。

阿德勒将情绪分为以下两类，分离性情绪（disjunctive feeling）和聚合性情绪(conjunctive feeling)。前者是"使人和人分离的情绪"，具体包括"愤怒""悲伤""不安（恐惧）"等，后者是"使人和人相联系的情绪"，具体包括"喜悦""同情""羞耻"等。

首先来看一下阿德勒是怎么对"情绪"进行整体性说明的。

情绪是精神器官的限时性运动形态，在有意识或无意识的强压之下，会突然爆发似地展现出来。并且，就像性格特征一样，情绪也具有目标和方向。情绪绝不是谜一样无法理解的现象，它表现出来的时候常常具有一定的意图，并与人的生活方式、方针相对应。其情绪变化的目的是让别人按照自己的意愿行事，认为没有其他能够贯彻自己意志的办法，更准确地说，不相信或者不再相信有其他的解决办法，情绪就是只有这样的人才能够获得的一种被强化的心理活动。

引文中所说的"情绪绝不是谜一样无法理解的现象"是什么意思呢？

以愤怒为例，当父母严厉训斥孩子，或者上司狠狠批评部下的时候，训人者常常会说"忍不住就发火了"。倘若有人就此理解了自己的愤怒，自己的愤怒就成了谜一样莫名其妙的事情。不知道为什么会生气发火。自己平时明明是一个绝不会大声跟人说话的人，可当时一下子就发火了，究竟是为什么呢？倘若果真是连自己都不明白的话，那种愤怒情绪就成了谜一样的现象了。

但是，阿德勒认为，与之前分析的性格一样，情绪中也包含了人际关系方面的目的。愤怒是什么目的呢？那就是"让别人按照自己的意愿行事的目的"。人们一般都会按照原因论来思考问题。例如，从原因论的角度认为是孩子出现了问题行为所以父母才会对其发火。但由于阿德勒是站在目的论的立场上，所以会去思考发火者是为了什么目的而使用愤怒情绪，并且认为其目的是让状况的变化符合自己的意愿。

情绪是为了贯彻自己的意志

具体来讲就是，为了达到将自己的想法强加给对方、让其认可自己的想法（而发生变化）这样的目的，人会使用愤怒。悲伤也是一样。愤怒虽然是突然产生的，但并非不明白为什么发火之类的谜一样的东西。

因此，情绪的一个方面表现为自卑感、不满足感，而这种自卑感和不满足感会强迫人集结所有力量做出比平时更大的情绪变化。如果付出巨大努力的话，自己也会被置于前面，获得胜利。就像如果没有敌人就没有愤怒一样，拥有这种情绪仅仅是以克敌制胜为目标。在我们的文化中，通过这种强大的情绪波动来贯彻自己的意志是一种极受欢迎并行之有效的方法。如果不能通过这种方法来贯彻自己的意志，愤怒的爆发或许就会少很多吧。

愤怒或悲伤之类的情绪具有速效性。情绪指向的对象往往会因为惧怕或者同情而不得不俯首听命。因此，以愤怒为例来讲，即便不至于殴打，但也是试图通过大声吼叫等"强烈情绪波动"来强行贯彻自己的意志。

阿德勒说："在我们的文化中，通过这种强大的情绪波动来贯彻自己的意志是一种极受欢迎并行之有效的方法。"即便是现在，这种状况恐怕也并没有太大变化。前不久在《停止表扬》（日经BP，2020 年）这本论述领导能力的书中我也写到了，依照现状来看，"强势"的领导似乎更被需要。例如，包含大声吼部下等事情在内，发挥强势力量之类的领导很受欢迎，我认为这种倾向在今天似乎也相当强。但是，阿德勒却说"倘若不能用这种方法贯彻自己的意志，愤怒的爆发或许就会少很多"。

也就是说，在实际生活中即使有人大发雷霆，听者也对此完全无动于衷。倘若多经历几次这样的情况，利用愤怒来贯彻自己意志的事情就不得不减少了。期盼强势的领导并对其唯命是从的状况下，利用愤怒贯彻自己意志的人或许就不会减少，但若这种做法行不通的话，人勃然大怒的情况或许就会变少。

我认为试图贯彻自己的意志本身就有问题。当以贯彻意志为目的的情绪指向自己的时候，很多人的内心都会抗拒，即便是不得已接受了，恐怕也并不信服。因此，我们必须思考一下事实上是否还有强行贯彻意志之外的方法。关于这一点，后面我会加以说明。

借助情绪者是具有自卑感的人

看下面这段引文。

因此，我们时常会看到那些没有信心达成优越性目标并且无法安心的人难以放弃这一目标，试图进一步借助情绪的力量去接近这一目的。

这里出现了"优越性目标"这一说法。发火是为了贯彻自己的意志，但其中还有另一层目的，那就是，希望通过贯彻自己的意志来证明自己高于他人以及自己的优秀。这就是"优越性目标"。

阿德勒并不是否定具有"优越性目标"这件事本身。在思考领导能力的时候，也需要领导很优秀。但是，没有必要为了令人觉得领导优秀而去利用情绪。认为无法通过利用情绪以外的方法来证明自己优秀的人，只能通过这种做法来达成"优越性目标"的人，或许会更想利用情绪的力量来达成目标。

作为领导，为了自己的优秀得到认可，可以不去借助情绪的力量，而是通过语言严谨地加以说明。因为做不到这一点，才会试图借助情绪来胜过对方，大声向对方发火。这样的人具有一种自卑感，认为无法通过其他方法来达成优越性。因此，我们看到盛怒的人并没有必要感到害怕。如果能够认识到"啊，这个人具有自卑感"，或许就能够冷静应对了。

01 关于愤怒

为了保住自我优势的愤怒——自大者的情况

那么，我们来看一下阿德勒归类为"使人和人分离的情绪"的具体内容。首先是"愤怒"，关于愤怒，我们在对情绪进行整体性说明的时候，也曾作为例子解读过，因此会有稍稍重复之处。以下是阿德勒的说明。

将人对力量的追求和支配欲象征化的情绪是愤怒。这种表现形态明显呈现出一个目的，那就是：凭借武力迅速击败发怒者所面对的一切抵抗。根据前面的知识，我们会在发怒者中发现极力追求优越性的人。他（她）们试图获得认可的努力有时会演变成对权力的陶醉，这种人一旦觉得自己的力量感稍微受到侵害，就会以发怒来应对，这一点倒也容易说明。他（她）们认为用这种或许已经试过很多次的方法最容易去支配他人并贯彻自己的意志。虽然这绝不是什么高水平的方法，但一般情况下都行之有效。

并且，很多人或许会通过在困难状况下发火，从而再次记起自己曾获得认可的事情吧。

"凭借武力迅速击败所面对的一切抵抗"就是刚才提到的"贯彻自己意志"的意思。在此，阿德勒进一步说愤怒是"将追求力量和支配欲象征化的情绪"。他（她）们不仅仅是贯彻自己的意志，还想通过这种做法来支配他人。试图通过支配他人来确认自己的优秀（这就是优越性吧），并迫使他人认可自己，这样的人常常会利用愤怒情绪。

这样的人实际上并不认为自己优秀。正因为觉得自己很普通，才会担心被职场的部下等看穿自己的无能，于是就试图通过训斥部下或者对其发火来想办法保住自己的优势地位。

我们仔细分析了那些情绪变化明显并习惯发怒的人，发现其中有很多人就是在有意营造一个体系，因为完全不会别的方法才会利用情绪来达到目的。这样的人既自大又极其敏感，无法容忍有人与自己并列或者高于自己，常常需要感觉自己处于优越地位，因此便会时常窥视是否有人在以什么方式过于接近自己，自己是否被足够高地加以评价。通常，这会导致这类人产生极端的不信任感，不信赖任何人。

"自大"在第四章列举的性格特征中已经分析过了。也就是说，自大者的特征亢进时，就很有可能会表现为愤怒情绪。的确，自大的人往往只知道考虑自己如何才能胜过他人，支配他人，将自己置于高位。正如上面的引文中所说，"试图获得认可的努力有时会演变成对权力的陶醉"。

对权力欲望强烈的人来说，别人怎么看自己很重要。这样的人一旦成了政治家就会很麻烦。为了获得认可并确定自己的优越性，他（她）们或许会强行做出决定，并且，即便那种决定是错的，或许也不愿撤回。不是从自己所下决断的内容，而是从有力量贯彻自己思想这一点上感受自己的优越性，这就是自大者的特征。

另外，自大的人往往具有"极端的不信任感"。因此，即便是身居高位，也常常战战兢兢。净是担心自己会遭他人陷害或者自己目前的地位会被夺走之类的事情。

这样的人，用阿德勒的话讲就是，关心自己远胜过关心他人。阿德勒认为，必须通过教育将这种人对自己的关心转变为对他人的关心。倘若今天依然有人不考虑他人，为了证明自己的优秀而想要当领导的话，那不得不说是教育的失败。如果不能想办法将人对自己的关心转变为对他人的关心，恐怕就不会诞生适合这个危机重重、动荡不安时代的领导。

任何对力量的追求都是基于无力感或自卑感，满足于自己力量水平的人不会采取这种攻击性的行为或者冷酷无情的做法。我们不可以忽视这种关联。在发怒这一点上，由无力感增至优越性目标的整个过程表现得非常明确。以牺牲他人来提高自尊心是一种没有意义的肤浅手段。

"满足于自己力量水平的人不会采取这种攻击性的行为或者冷酷无情的做法。"这一点在上一章论述"自大的人"时已经分析过了，阿德勒说，试图将自己置于高位并支配他人的（自大的）人在动荡不安的时代有时会被自动推举出来。阿德勒限定了"动荡不安的时代"，他说，在这种时候，有试图居于高位的领导出现是理所当然的事情，而且，这种领导也被时代所需要。

但是，我认为无论是稳定太平的时代还是动荡不安的时代，都不需要这种试图用力量去支配他人并渴望居于高位的领导。

感觉自己不具备领导能力（这就是自卑感）的领导就会时常发火或者独断专行，以便不被人看穿自己的无能。如果是会用语言好好说明并跟部下建立平等关系的领导，即使被部下指出错误，也能够接纳。重要的不是领导的自尊心，而是做出正确的判断，这一职责即使是不居高位的人也能够实现。今天依然有很多人认为教育也需要批评，阿德勒或许也思考过同样的事情。

私愤和公愤

来看下面的引文。

有些情况下，发怒会被正当化。关于这样的情况，此处不做论述。

这话有些令人费解吧。我认为需要对此稍做说明。

这句话的意思是说，有与之前叙述的愤怒不同种类的愤怒，日本哲学家三木清（1897—1945 年）将愤怒分为情绪性愤怒（私愤）和基于正义感的愤怒或源于荣誉心的愤怒（公愤）。我认为阿德勒想说的或许就是"公愤"。

所谓基于正义感的愤怒是说，当人的尊严、人权、人的价值等受到威胁或者有可能受到威胁的时候，人必须敢于发怒。遭遇权力骚扰或性骚扰的情况当然也是如此。我将阿德勒要说的理解为，当人的尊严有可能受到侵害或者实际已经被侵害的时候，愤怒情绪就会被正当化并获得认可。不是私愤，而是基于正义感的理性化公愤。凭感情用事，训斥部下之类的愤怒当然不会被正当化。

三木清说道，公愤，也就是基于正义感或源于荣誉心的愤怒，与其说是情绪，更应该说是个体的"人格知性"。并且，他还说道，这种愤怒不仅仅是要为自己的荣誉而怒，还必须为所有被置于相同立场的人而感到愤怒。

但是，由于公愤并非能够"爆发"的东西，"发怒"一词可能会引起误解。理智地发出呼声，在这个意义上来讲，用"愤怒"一词或许也不恰当，但不可以忘记还有这种类型的愤怒。

愤怒具有计划性

再把话题转回到私愤上。

打碎镜子，弄坏贵重物品。之后却又试图一本正经地辩解说并不记得自己做过这些事情，即便如此，也没人相信。因为，这类人想要拿周围人撒气的意图太过明显。即便是在这种情绪中，这类人恐怕也会保护好特别有价值的东西，而不重要的东西就不会去在意了。因此，我们可以看出来，这样的现象其实具有计划性。

虽然一开始说到了"忍不住突然"发火，但阿德勒说，即便是那些愤怒到打碎镜子、弄坏贵重物品的人，或许也绝对不会去毁坏自己真正需要的东西。也就是说，他（她）们并不是真的忘掉了自我。即便是贵重物品，但若认为自己目前并不需要的话，或许会去毁坏。但是，自己真正珍视的东西绝对不会去毁坏。

因为他（她）们能够做出这样的判断，所以，虽说其是突然发火，但实际上却"具有计划性"，并非忘掉了自我，或者，虽然事后企图辩解说"忘掉了自我，忍不住突然发火了"，但其愤怒中所包含的目的性却非常明显。

下面的引文对孩子来说稍微有点儿失礼，但现实中，这一情况确实比大人身上更加常见。

发怒这一现象，比起大人，在孩子身上会更加常见。一些微不足道的事情也常常会令孩子发怒。这是因为，由于孩子的无力感很强烈，才更想努力获得认可。易怒的孩子其实是在极力争取获得认可。

必须告诉孩子们，无论在任何时候，都不必利用愤怒来使自己的意志获得认可（当然，也必须告诉大人）。

我在从托儿所回来的路上，经常与儿子一起去超市购物，有的时候，儿子会哭闹着说"我想要爸爸给我买那个玩具"。在这种时候，我经常看到一些父母会吓唬孩子说"好了，我会把你扔在这里的"，试图通过这种方式来让孩子听话。但是，由于孩子们坚信自己的父母绝对不会丢下自己，于是就会一直哭闹，最后成功地让父母买自己想要的玩具或点心。

这样不行，我们必须告诉孩子们愤怒是无效的。反过来讲，倘若明白还有愤怒之外的其他方法可以传达自己的意志，孩子们或许也就不会去发怒、哭闹了。

我在这个时候会对儿子说："你不必这么生气，可以用语言平静地告诉我你的愿望。"于是，儿子立即平静了下来，并心平气和地说："如果爸爸能够给我买那个点心的话，我会非常开心的……"。

倘若明白无法依靠愤怒来贯彻自己的意志，或者即便那样做也不能向他人证明自己优秀，或许人就不会再去利用愤怒了吧。

思考：发怒时的我具有自卑感吗

（摘自 NHK 文化中心"性格心理学"讲座答疑）

听众：我的工作是大学职员。我平时不常发火，但今天却对一名来请教的学生稍微发了一下火。在对那个前来咨询的学生怎么说明他都理解不了的状况下，我生气地说"算了吧"。这也是因为我认为没有其他能够贯彻自己意志的办法或者我自身具有自卑感吗？

岸见：您原本也认为不该这么感情用事，而是应该好好加以说明吧。

如果是阿德勒，会这么解释。倘若再下些功夫好好说明一下的话，对方或许就能够理解情况，明白应该怎么做，并迅速付诸行动了吧。但是，实际上你却完全跳过了这一程序，使用了愤怒情绪，对此，自认为原本不会这么做的自己会感到非常惭愧。在这个意义上来讲，你确实具有自卑感。

听众：也就是说，还是因为具有自卑感才会使用愤怒情绪吗？

岸见：不是，并非因为具有自卑感才使用愤怒情绪，而是对使用了愤怒情绪的自己抱有自卑感。感觉试图用愤怒解决问题的自己，与原本应该有的平时的自己之间有差距，并为此感到自卑。理想中的自己应该是冷静地好好花工夫进行说明，但现实中的自己却并非如此。理想与现实之间的差距让自己感到自卑。

听众：是"在那一瞬间"感到自卑呢？还是"在事后"感到自卑呢？

岸见：实际上是"在那一瞬间"，但你自己在那一瞬间或许并未注意到。但是，在听了这个讲座，又想起当天的事情时，便想到"啊，那时应该这么做"。

听众：平时我都能够温和平静地说话，就想着为什么单单那天会发火呢？

岸见：不可以将原因归咎于学生。一想到"其他学生都能够理解自己的说明，这个学生怎么就不明白呢"便产生了愤怒情绪，这样想倒是能够将原因归咎于对方，因此，或许也很方便为自己开脱。

但是，倘若对方无法理解自己的说明，也许有些令人懊恼，但那只能是自己的责任。在职场等方面，如果部下的成绩没有进展，总是失败，领导或许也不想去给予认可，但还是应该认为自己的教育方式尚且存在改善的余地。若是将原因归咎于对方，将产生愤怒情绪的原因也归为对方的无能和理解力不够，不但不会产生自卑感，还会转而变成优越感。

希望你能仔细想一想，依靠愤怒情绪是什么也解决不了的。即便是那个学生，实际上其今后或许还会需要帮助，但是，这之后他可能就会避开你，不愿再听你解释了吧。

听众：我认为可能不会再来找我了。

岸见：倘若如此，就真成了作为"分离开人和人之间关系的情绪"来使用了愤怒。因此，首先你能做的就只有向那个学生道歉。

听众：实际上，我当场就道歉了。虽然是真心的道歉，但那个学生还是不肯看着我。

岸见：如果对方将视线挪开，自己就绝对不可以移开目光。至少，我认为必须用心看着对方。

但是，最大的谎言就是你会认为自己"平时并不这样"。或许很多人都愿意这么想，但所谓平时的自己，其实并不存在。瞬间发怒时候的自己就是那一瞬间的自己，也只有那个时候的自己。因为，在与那个学生的人际关系中，是你自身决定了自己在那一刻要采取什么样的态度。

听众：我原本以为，虽然自己平时都很温和，但时而也有突然发怒、难以控制的一面。

岸见：最好还是不要这么想。倘若认为无法控制自己，那就没有什么解决办法了。

我也认为自己平时很温和冷静，但是，在照顾生病的父亲时，也真的发过火。那时候，我的心脏跳动加速，血压或许也升高了。像这种程度的生气发火就只有一次。不知是幸运还是不幸运，我已经不记得当时为什么会那样了，原因是什么并不重要。不过，当时我确实无法冷静处理自己与父亲之间的关系，想要告诉父亲自己有多么辛苦。那时，当我认为不使用愤怒情绪就无法传达这一情况的时候，虽然没有痛斥父亲，但还是感到了强烈的愤怒。

但是，终究还是没必要那样做。对吧？倘若希望对方改进行为，也只能是用语言好好传达意思。那时，父亲或许就只觉得为什么这个孩子如此生气呢。

听众：老师当时是想要避开与父亲之间的关系吗？

岸见：是的，我这样想过。实际上在第二天，由于不想见父亲，所以我就拜托妻子说"你替我去吧"。

我当时认为就应该由自己来照顾生病的父亲，因此心里就想着如果我不照顾究竟由谁来照顾呢，并觉得只要没有什么特殊情况就必须到父亲那里去。因此，无论除夕还是新年，我每天都会去父亲那里。我真的非常疲惫。如果是这样的话，或许只要说"我太累了，所以明天就不来了"就可以了。或者，只需要跟我的妻子或家人说"不好意思，我太累了，所以，明天你替我一下吧"也可以。可是，由于我想要证明自己并非推卸责任者，是一个好人，所以就使用了愤怒情绪，并试图辩解说是"忍不住突然发火了"。这样能证明自己是个好人吗？实际上并不能吧。

听众：正如您所言，听起来有些不顺耳了。当时我也想充好人。

岸见：不要去充好人。当感到愤怒的时候，最好坦率地说出来。

怒火中烧的时候，那种情绪也没有什么办法能够处理。阿德勒说要用基于共同体感觉的行为来平息怒火，但那一刻根本做不到。可是，作为退而求其次的对策，我们可以用语言跟对方说"你现在的态度让我很生气"。这能做到吧，这虽然不是最好的办法，但总比径直跟对方发火要强很多。

下一步就是，当然，也可以事后再去做，冷静地想一想自己真正希望对方做什么，并试着用语言传达给对方。倘若能够做到这一点，自己很快就不再需要愤怒情绪了。

也就是说，压抑或控制愤怒情绪之类的尝试并不会成功。要选择代替发怒的做法，具体可以用语言请求对方说"你能做什么什么吗"。或许也可以说"能请你不要这么做吗""我非常讨厌这种说法，你能别这么说吗"。请试着进行这样的练习吧。

这并非性格问题，最好试着变换一下行为方式。不要想着去充什么好人，要明白自己随时能够选择自己的行为，并为构建与对方之间更加良好的关系而不断努力。当然，或许偶尔也会选错并失败。但是，即便这种时候也没有必要失落、消沉。

02　关于悲伤

悲伤也是一种情绪的爆发

使人和人分离的第二种情绪就是"悲伤"。为什么悲伤会使人和人分离呢？或许有人一下子无法理解。

悲伤这种情绪往往产生于某些东西被剥夺失去而又无法宽慰的时候，悲伤内部也隐藏着为了创造更好的状况而消除不快感和无力感的迹象。按照这一观点，悲伤具有与发怒相同的价值。不过，悲伤是借助其他的契机而产生，具有与发怒不同的态度与方法。

但是，在这里能够看到（与愤怒）相同的优越性追求方式。在愤怒中，情绪指向对方，使发怒者感觉自己迅速被抬高，并令对方产生一种挫败感。与此相对，在悲伤中，虽然最初会缩小情绪范围，但由于悲伤者试图努力获得被抬高的感觉和满足感，必然会在短期内同样将其扩大。但是，这本来就是情绪的爆发。也就是说，即便是不同的方式，悲伤也依然是指向周围人的情绪活动。因为，悲伤的人本来就是告发者，并为此与周围的人相对立。悲伤当然也是人的一种自然本性，但倘若被过度夸大，就包含了对周围人的某种敌对性和有害性。

阿德勒说悲伤会"缩小情绪范围"。悲伤"最初"与其说是指向他人，更准确地说是指向自己内部的一种情绪。但是，阿德勒最终还是称其为"本来性的爆发"。这是什么意思呢？

阿德勒指出，悲伤产生于某些东西被剥夺失去的时候，其中可以看到与愤怒相同的"优越性追求方式"，这一点非常值得注意。与其他情绪一样，悲伤也在与他人之间的关系中产生。悲伤情绪原本也是指向他人。阿德勒说，无论是愤怒还是悲伤，必定会有"指向对象"，两者都是指向一定的人。

悲伤有什么目的？指向谁？与优越性有什么关系？虽然阿德勒说悲伤是人的一种自然本性，但另一方面又说悲伤者是责难他人的"告发者"。我们接着看下面的引文。

悲伤者往往通过周围人的态度来获得一种被抬高的感觉。据了解，悲伤的人常常会因别人的照顾、同情、支持、给予或安慰而变得快乐起来。通过哭泣或哀叹，以对周围人的攻击开始，成为告发者、裁判官、批判者，进而感到自己高于周围的人。其中的要求、恳求特征非常明显。

悲伤者就是想要谴责对方说"是你令我如此悲伤"，或者也是要表明"我都这么悲伤了，希望你就不要再责备我了"这一意向。

吵架的时候，如果对方在发火的话，自己同样也能发火与其争吵。但是，倘若对方突然放声大哭，或许就无法再对其进行攻击了吧。哭泣就是在责难他人，试图控诉"是因为你太过分了，所以我才会这么悲伤"，如此想来的话，悲伤的本质就非常明显了。

让对方为自己服务的情绪

另一点就是，悲伤者往往令对方感觉，即便认为被谴责的事情并不恰当，但也无法对其置之不顾，必须为其服务。如此一来，悲伤者就可以通过悲伤获得优越感。

就连并非当事人周围的人，也只能小心翼翼地与悲伤者接触。通过制造一种强令他人小心翼翼与自己接触的状况，悲伤者试图通过悲伤这种情绪来获得高于他人的优越地位。

阿德勒在《难以教育的孩子们》一书中写道，"利用哭泣这一武器成功让别人感动，这就是水（眼泪）的力量！""水的力量"中的水当然是指眼泪。日语中也有"无法战胜哭泣的孩子和地头"⊖这样的说法。

⊖　地头是负责管理"庄园"及"公领"事务的职务名称。——译者注

悲伤对他人来说就好比是强制性且无法反驳的，只能对其屈从。

因此，这种情绪也呈现出自下而上的目标，具有不丧失安定感或者消除无力和脆弱感觉的目的。

倘若是争论的话，好像还能够用语言想办法反驳，但如果对方搬出悲伤这一武器，往往也只能投降作罢。

虽然非常曲折，但依靠悲伤情绪，可以摆脱自卑感或无力感，获得优越感。

表现出共同体感觉一般能够平息情绪。但是，由于过度要求他人的共同体感觉指向自己，所以，或许有的人并不想走出悲伤。因为，由于很多人对其表示出友情或同情，悲伤者会因此而感受到自尊感被格外抬高。

所谓"表现出共同体感觉"也就是，如果能够与他人合作，冷静地去解决问题的话，无论是愤怒情绪还是悲伤情绪，都能够平息，就像前面介绍到的我告诉孩子要用语言来表达愿望。

但是，容易发怒或者悲伤的人并不懂这种办法。并且，他（她）们一旦表现出悲伤，周围的人就不会置之不顾。如此一来，便可以成功地将他人的注意或关心拉向自己。倘若学会了这种方法，就永远无法摆脱悲伤了。

悲伤为什么是让人和人分离的情绪呢？愤怒者与对方之间的关系或者心理距离会变远，这很好理解，但阿德勒说悲伤也是令人和人分离的情绪。

虽然愤怒和悲伤会在不同程度上勾起我们的同情，但两者却都是令人和人分离的情绪。由于不能使人相联系，进而损伤共同体感觉，所以便会引起对立。悲伤在其进一步的过程中当然也会引起联系，但是，两者都不是参与共同体感觉的正常方式，是一味强求对方付出的做法。

人只能靠与他人之间的合作生存下去。因此，谁都会需要别人的帮助。真正需要的时候，当然会去寻求别人的帮助，我认为也可以这么做。

但是，借助悲伤让他人为自己服务的人往往只知道让别人为自己服务，而不会主动去付出。这就是"一味强求对方付出"的意思。周围的人没法对这样的人置之不顾，在这个意义上来讲，人和人会相联系，但却无法由自己主动为周围的人付出。因为仅仅是单方面地被给予，这样的联系绝对称不上正常。双方都互相为对方奉献，不仅仅是被给予，自己也主动给予，唯此才能建立真正的联系。

阿德勒说神经症者不怎么会去关心他人，而只是将他人视为剥削对象。不仅仅是神经症者，这样的人还有很多。另外，懂得关心他人者也无法对悲伤者、痛苦者置之不顾，自然就会想要去帮助这些人。因此，自己不去主动给予，总是认为接受那些乐于助人者的帮助是理所当然的人就是将他人视为剥削对象。

这样的状态持续久了，最初愿意提供帮助的人也会逐渐离开，在这个意义上来讲，悲伤也是"使人和人分离的情绪"。

03　关于不安

不安是在支配他人

接下来看一下不安。第三章中我们论述了容易不安的人，这里分析一下作为情绪的不安。

不安（恐惧）在人的生活中具有重要意义。这种情绪并不仅仅是使人和人分离的情绪，就像悲伤一样，它也会使个人与他者产生一定的联系，并因此而变得复杂。

"不安"与"悲伤"很相似。首先，不安这一情绪会使人和人相联系。就跟悲伤者一样，恐怕谁都无法对不安者置之不顾。阿德勒解释说，在这个意义上来讲，感觉不安的人倾诉不安，一开始会使人与人相联系，但最终却会让人和人相分离。

孩子变得不安之后会逃避所面对的状况，跑到他人那里去。但是，不安的机制并非直接表现为对周围人的优越性，起初看上去往往会表现为败北。这里的态度是展示自己的渺小。一开始，这种情绪会让人与人之间建立一种联系，但其中也隐藏着对优越性的追求。不安者往往会将其他（人）当作避难所，并试图用这种方法来战胜危险、强大自我、取得胜利。

就是想让他人为自己服务。人往往无法对不安的孩子置之不理。于是，周围的人就会与其产生一种联系。并且，他（她）们或许是在争取一种因为不安而理所当然被守护的特权。这就是优越性追求。但是，一旦他（她）们开始争取自己理所当然应该被守护的特权，周围的人就会逐渐离开。在这个意义上来讲，不安又是使人和人相分离的情绪。

关于"不安"这一情绪，阿德勒进一步指出了下面的问题。

求他人来做自己人生支撑的人常常会出问题。就好像他人仅仅是为了支持不安者而存在一样，实际上，那无非也是不安者在试图确立一种支配关系。

具有共同体感觉的人往往想要去帮助不安者。如此一来，与倾诉不安寻求帮助的人之间就会确立起一种"支配关系"。当然，寻求帮助者是支配方。

如前所述，父母无法将十分不安的孩子独自留在家里。有时也会出现工作的父母为孩子而辞职的事情。这就是孩子倾诉不安的目的。通过这样的方式，亲子之间会产生一种支配关系。

如何帮助容易不安的孩子

人是非常脆弱的存在，特别是在大自然中，不安情绪往往源于人类的根源之处。并且，孩子或许就更是如此。孩子并非一开始就什么都会做，需要父母的不断帮助，不自觉地就会认为自己是非常脆弱的存在。虽然孩子们被不安所支配是理所当然的事情，但他（她）们在成长过程中试图摆脱这种状态的努力一旦失败，就会发生下面的事情。

孩子们努力摆脱这种不安状态的时候，常常会出现失败之后便形成悲观主义人生观的危险。这时候，依赖周围人的帮助或照顾的性格特征就会进一步凸显出来。

自己无论做什么都不行，无论做什么都会失败，拥有这种悲观主义的人生观是有问题的。为了不至于如此，周围的人必须对其提供适当的帮助。

具体提供怎样的帮助呢？有些消极的孩子会具有不安等负面情绪，无法积极面对人生。这样的孩子在学校考试没考好或者拿着评价较低的成绩册回来，非常失落的时候，父母大都会去进行安慰吧。我想大家可能会说些"很难过吧""很辛苦吧"之类的话来安慰孩子，但倘若长期说些这样的安慰之词，孩子很可能会形成依赖性。出现明明是自己的课题，但自己却什么都不做，净想着让父母帮忙的情况。

那说些什么样的话好呢？只能采取"有什么我能帮忙的吗"之类的说法。或许也会有人担心一旦父母提出帮助孩子，孩子会形成依赖性。我认为父母看到孩子很难过之后必须想想办法，但如果不去询问孩子的意见便擅自伸出援助之手的话，孩子就会形成依赖性。可是，倘若去问一下"有什么我能帮忙的吗"，实际上并不会发生父母担心的事情。

某个初中生回家之后非常失落。父母看到之后认为其或许在学校与朋友发生什么矛盾了。于是便询问说："有什么我能帮忙的吗？"她马上回答说："放心吧！"第二天，孩子一脸开心地回来了，对父母说："昨天跟朋友吵架了，很难过，但今天能够重归于好，真是太棒了！"

父母说："虽然自己什么也做不了，但看到孩子能够靠自己的力量解决问题，真是非常开心！"当孩子提出需要什么帮助的时候，父母必须尽可能地提供帮助。

虽然我认为对于失落的孩子即便放任不管也没有问题，但可以问一句"有什么我能帮忙的吗"。看着陷入困境的孩子，父母如果认为必须想方设法提供帮助并不断加以干预的话，孩子可能就会认为自己是无法靠自己的力量摆脱困境的脆弱存在。这样的孩子即便长大之后也会成为依赖性较强的人。

04　关于喜悦

喜悦是人与人相连的纽带

接下来分析使人与人相联系的情绪。

首先是"喜悦"。关于喜悦，会与第四章"开朗的性格"之处的说明略有重复。

我们会在喜悦的情绪中清晰地看到（与他人之间的）联系，它不允许孤立。喜悦的表现也就是在求助他人、拥抱等方面呈现出的合作、分担、分享等倾向。这种态度也会使人和人相联系，可以说是主动伸出友好之手，包含了指向他人同样也抬高他人的热情。通往联系的所有要素都存在于这种情绪中。

所谓"不允许孤立"，这种表达方式稍微有点儿奇怪，意思是说，喜悦情绪让人不会孤单。

阿德勒尽情地对喜悦加以肯定。关于作为喜悦表现的笑，在

"开朗的性格"这一章节已经进行了说明。来读一下下面的引文。

喜悦是克服困难的正确表现。并且，笑与喜悦联手来解放人，可以说是这一情绪的重要基石。它需要超出自我，与他人产生共鸣。

这是在"开朗的性格"这一章节中已经引用过的部分，强调了喜悦情绪的肯定方面。有时候，某个人一笑，瞬间就能让人感觉与之建立了联系。我有两个孙辈，小的年龄才三个月，最近总是笑。仅仅看着其笑的模样，我就能获得一体感。

阿德勒说笑是喜悦情绪的"重要基石"，倘若有人用笑来表达喜悦，那将与悲伤或愤怒不同，能够直接或者说毫不复杂地获得人与人相联系的感觉。

例如在观看奥林匹克运动会转播的时候，一旦自己国家的运动员获胜了，往往就会鼓掌喝彩。正如阿德勒所言，笑可以"与喜悦联手"解放自己。那一刻，还能与在场者共享喜悦。

喜悦的误用

不过，阿德勒说这种情绪有时会被误用。

常见的误用就是因他人的不幸而喜悦的心情。这是一种出现在不适宜场合并否定、损害共同体感觉的喜悦，已经转变成使人和人相分离的情绪，这种喜悦的拥有者往往借此寻求对他人的优越性。

　　我认为真正的体育迷不会产生这种类型的喜悦，那就是当对方团队失误的时候特别开心。或者是，自己国家的团队赢了就很高兴，但当自己国家的团队输了的时候就很失望，并去批判、责难对方团队。倘若有这样的情况存在的话，这种喜悦也不能说是使人与人充分联系的情绪。

05　关于同情

同情是共同体感觉的证明

接下来分析一下"同情"。关于这种情绪，阿德勒一开始也充分强调了其积极面。

同情是对共同体感觉最纯粹的表现。如果你看到有人具有它，一般就可以放心地认为其具备共同体感觉。因为，这种情绪展示出人能够对同伴的状态做到感情移入。

在这里，阿德勒使用了"感情移入"这个词，在其他地方他还使用了"同一视（同样看待，同等看待）""共感（共鸣）"之类的词。他解释说，通过感情移入进行换位思考，想想"假若我是这个人会怎么想、怎么做"，据此对对方的心情产生共鸣，这非常重要，并与共同体感觉紧密相连。当他人痛苦难过时能够给予其同情，这证明那个人具有共同体感觉。就这一点来说，同情这一情绪使人与人相联系。

变味的同情

但是，是不是能够同情他人或进行感情移入的人就一定具有共同体感觉呢？那倒不一定。

比起这种情绪本身，其误用会更常见。这往往表现在为了证明自己是具有强烈共同体感觉的人而过于夸张之类的情况上。他（她）们一般是在不幸的时候常常显摆自己的人，但并不真正做事。为了以这种方式轻松获得社会荣誉，只希望自己的名字被报道。或者，忍不住地到处奔走，其实是因为他人的不幸而感到喜悦。像这样热心、善行的人首先是想通过该活动制造出一种优越于贫穷者或可怜者的解放感。

这里也使用了"优越"一词。有的人会炫耀自己具有共同体感觉，有的人虽然自己什么都不做，但却会睁大眼睛盯着他人是否具有共同体感觉，还有的人会向他人吹嘘自己具有共同体感觉，并为了获得他人的认可，用阿德勒的话说就是，"显摆自己"。

阿德勒说，这样的人并非真的同情他人，仅仅是想要获得一种自己比不幸者优越的感觉。不得不说同情这个词常常会变味。

看悲剧时感到喜悦的情况常常会被误归为这类现象，往往被说成看的人似乎能从中感到自己（比舞台上的登场人物）优越。但是，这一点对于大部分人可能都不适合。因为，我们对于悲剧中所讲事件的关心大多源于我们渴望了解自我并自主学习。一般来说，我们都清楚其只是演戏而已，只是希望借此促进自己面对人生的准备。

并不仅限于悲剧。在看喜剧的时候，或者看电影的时候，会有人是为了感受自己比其中的不幸登场人物优越而去看吗？恐怕并没有那么多吧。或许更多的人是为了了解自己才去看的。

曾经有人问过我这样的问题：年轻人为了拥有共同体感觉应该怎么做？为了以后能够发挥领导能力，大学期间该学些什么？我回答说掌握共感能力很重要。不懂人的心情者，不能共感者，当不了领导。

阿德勒的文章列举了"观看悲剧"这一事例，但并不仅是悲剧，我认为重要的是从年轻时候便开始通过读小说、看电影来学会同情（在这里或许说"共感"更好）。这会成为"面对人生的准备"。

06　关于羞耻

源于他者存在的羞耻

最后谈一下"羞耻"。

使人和人分离的同时也使人和人相联系的情绪就是羞耻。这也是由共同体感觉造成的，并且，在人类精神生活中不可或缺。人类的共同体感觉离开这种情绪或许也不可能成立。

之所以说羞耻"使人和人相联系"，是因为这种情绪以他者为前提。倘若是独自一人生活的话，就不会产生羞耻感了。正因为觉得有人在看着自己才会产生羞耻感，因此，眼里完全没有他者的人不会感到羞耻。

感觉正在被人盯着，猛然抬头一看，原来是假人模特或稻草人——不知道大家实际有没有过这种经历，但请稍微想象一下——这时或许会放心地松一口气吧。为什么会放心地松一口气呢？相反，倘若那是真的人，又为什么会感到不好意思呢？

这是因为自己是"他者的他者"。也就是说，因为注意到那个人在观察自己并在思考自己究竟是什么样的人。自己看着其他人，也会对其做各种各样的想象吧。由于认为看到的那个人也对自己做着同样的事情，所以便会感到不好意思。倘若是寻常时候，或许倒也不会觉得不好意思，但当自己正在做不想被人看到的事情时，一旦知道自己被人看到了，就会产生羞耻感。

为了逃避人际关系的羞耻

下面谈一下"使人和人分离"的羞耻。

拥有"羞耻心"的人的外在态度是远离周围人，这是一种退却姿态，往往与作为表达逃避意志的不开心相联系。转过脸去、垂下眼睛，这都是逃避性动作，清晰地展示出这种情绪中使人和人分离的因素。

目光相接，这是表示人和人相联系的重要信号。但是，具有羞耻感的人往往无法做到与人目光相对。不要低垂双眼，抬起头，凝神看着对方的眼睛——说"凝神看着"的话，倒有些奇怪了——倘若能够做到这一点，与对方之间的关系或许就会朝着稍稍不同的方向发展。但是，一开始便不想涉入人际关系中，至少是不愿积极构建人际关系的人往往会低垂着眼睛，试图通过产生羞耻情绪来逃避人际关系。

来进行心理咨询的人，心理咨询师根据其开始说话之前采取什么样的态度就能够大体明白其是什么样的人。例如，就像前面说的是否可以好好看着心理咨询师的眼睛，从其应对对方目光的态度就可以看出那个人在多大程度上想要与人相联系——用阿德勒的话说就是"共同体感觉的程度"。

这里会再次产生误用。例如有的人非常容易脸红，这样的人平时在与同伴的关系中，比起相联系，也更加突出强调分离的因素。脸红就是逃避社会的手段。

由于脸红症而无法与异性交往的人其实并不是因为脸红症而无法交往。阿德勒说脸红症是"逃避社会的手段"。

这么说或许会被认为很冷酷。倘若问其是否不喜欢脸红症者，也并不是。反而倒是有人不喜欢初次见面时便夸夸其谈的异性。可能有人更喜欢低垂着头，不敢看对方的眼睛，扭扭捏捏一副害羞模样的人。

对于声称"由于脸红症而无法与异性交往"的人，有必要花时间告诉他（她）们，脸红并非其无法与异性交往的真正原因。他（她）们不是要治疗脸红症，而是要探讨自己的人际关系状态。

有必要检视自己的行为

阿德勒强调，羞耻心是躲避人与人之间关系的情绪，但当今时代，比起有羞耻心的人，不知羞耻者更成问题。对于那些毫无羞耻感地做一些旁若无人行为的人，很多人都会忍不住地想：做出这样的事情难道真不觉得丢脸吗？！在现代社会，我认为这样的人有必要好好检视一下自己的行为，注意一下别人是如何看自己的。

下面来介绍柏拉图的著作《苏格拉底的申辩》中的一节。

只考虑尽可能多地获取金钱，只在意名声或荣誉，丝毫不关注智慧或真理，也不去思考提升灵魂，对此，难道就不知忧虑、不觉羞耻吗？！

苏格拉底在法庭的申辩演说中这样说道。

我们不仅要在个体性的人际关系框架中去思考羞耻感，还必须像区别私愤和公愤那样，认真思考以正义感为背景或依据的羞耻感。

即便是被上司看中获得了晋升，也要认真思考一下：自己做的事情是否丢脸？把他人当垫脚石来攫取金钱是否合适？是否即便辜负他人的信任也只要自己好就可以？

情绪在任何性格的人身上都能看到。虽然很多情况下看上去似乎是突然发生的谜一样的现象，但正如本章所看到的，倘若明白了其中的目的以及其源于自卑感这一点，利用愤怒等消极情绪的事情就会变少或者完全消失。如此一来，人生或许就会大不相同。

06
Chapter

第六章
第一个孩子、第二个孩子、
最小的孩子、独生孩子
——探寻不同出生位次者的性
格倾向

为何兄弟姐妹也会性格迥异

大家没有想过这个问题吗？在同一个家庭中，由同一对父母所生，于大致相同的家庭环境中长大，为什么孩子们的性格却并不相同呢？

本章解说的内容并非《性格心理学》中所写的内容。但是，阿德勒将"兄弟姐妹关系"列为人"选择"自己性格时的一个"影响因素"，并在各种各样的著作中指出其影响大于亲子关系。因此，本章将通过引用阿德勒的文章来看一下兄弟姐妹中的位次会对性格形成有什么样的影响。

在与初次见面者说话的时候，问一下其兄弟姐妹几人以及其排行第几，便可大致了解那个人是什么样的性格。本章要分析的是第一个孩子、中间的孩子（指上下都有兄弟姐妹的孩子）、最小的孩子抑或是独生孩子（独生子女），一个人在兄弟姐妹中的位次不同，其性格会有很大差异。但首先必须注意的是，这种分类终归只是一种"具有那种倾向"的相似性。每个人都不一样，没有完全相同的人。

因为所有人都有其固有的生活方式，就像一棵树上无法找到两片完全相同的叶子一样，我们也不可能发现两个完全一样的人。

（《阿德勒心理学讲义》）

此处使用了"生活方式"一词，大家可以认为其与"性格"是同一个意思。

阿德勒创立的心理学名为"个体心理学"。他选择个体心理学这一名称的理由有以下几点。首先，该心理学所研究的人是一个不可分割的整体。个体（individual）就是"不可分割"的意思。

其次，该心理学关心的是个体的独特性。也就是说，每个人都是不同于其他任何人的独特（unique）存在。如果强调个体的独特性，就无法进行"第一个孩子是这样的人"之类的一般性的论述，因此，作为学问难以成立。一旦被套进一般性的框架中，或许有人就会想要反驳说自己并不是那样的人。个体心理学的研究者并不关心"人的类型"。划分类型只是一种手段，其目的是更好地理解个体的相似性，请千万不要忘记这一点。阿德勒也说了这样的话。

认为同一个家庭的孩子们就是在相同的环境中长大，这是人们经常犯的错误。当然，对于同一个家庭的所有人来说，共同的东西有很多。但是，各个孩子的精神状况是独特的，绝对不同于其他孩子的状况。因为孩子们之间存在着源于兄弟姐妹位次的差异。

（《人为什么会患神经症》）

　　大家不妨想一想自己小时候的情形。我认为若是现在正与孩子一起生活的人应该能够理解，即便生长在同一个家庭，孩子们对家里发生的事情也会有不同的看法。父母必须要好好理解这一点。

　　并且，自己是在兄弟姐妹位次中的什么位置长大起来的，这会影响日后对自己孩子的理解。例如，作为第一个孩子长大的父母，即便是自己的孩子，或许也很难正确理解出生位次在中间的孩子。即使在同一个家庭生活，孩子们之间也会存在差异，这一点首先得认识清楚。

　　很多人会问："为什么明明是同一个家庭的孩子，却会如此不同？"某些科学家曾试着用遗传基因不同来解释。但是，我们看到这只不过是一种迷信。可以将孩子的成长与小树的成长相对照。一群树即便是长在一起，其中的每一棵实际上都处于非常不同的状况之中。如果其中有一棵树由于获得了更好的阳光和泥土而早早长起来的话，这棵树的发展壮大会对其他所有树的成长产生重大影响。它的树荫会遮住其他树，它的根伸展开去，会夺取其他树的营养。其他树的成长受到妨碍，就长不大。同样的道理也适用于兄弟姐妹中只有一个人优秀的家庭。

（《自卑与超越》）

　　由同一对父母所生，在大致相同的家庭环境中长大，为什么兄弟姐妹间会存在性格差异呢？阿德勒回答说，那是本人下决心选定的结果，这一点下一章再详细加以解说，先来解释一下上面这段引文。

虽然性格是由自己下决心选定的，但却有影响其决心的因素，那就是兄弟姐妹的出生。例如，作为第一个孩子，出生的时候是家里唯一的孩子，但后来，突然有了弟弟或妹妹。如此一来，就不能再像以前那样由自己一个人独享家人的关注了。哥哥或姐姐无法再得到弟弟或妹妹出生之前那样的关注。面对这种不能再继续得到关注的状况，第一个孩子必须思考自己要采取什么样的态度。这种事情会对性格的形成带来很大的影响。

此外，就像引文后半部分所讲，有的情况是，当兄弟姐妹中有个"优秀"孩子的时候，其他的兄弟姐妹就无法再充分得到父母的关注。或者，其他的孩子或许会认为自己根本比不上"优秀"孩子而放弃。

倘若是采取建设性解决办法的孩子，就会下定"哥哥学习很好，所以，我要在体育方面好好努力，在艺术领域争取优秀"之类的决心。如果认为竞争有可能获胜，就会去挑战。想要比姐姐或哥哥更优秀，从而拼命学习，有时候也会获胜。

但是，也有些时候，即使挑战也获胜不了。在父母经常说"学习极其重要"的家庭中，以符合父母价值观的方式生活，也就是努力学习并成功取得好成绩的孩子可以说是获胜组，但也有可能沦为战败组。沦为战败组的孩子们也很有可能会下决心采取问题行为。所谓问题行为是指，如果是消极的孩子，就有可能不去学校，等等，而若是积极的孩子，则可能会涉入不良行为。他（她）们全都是想要通过做这样的事情让父母担心、死心。

像这样，只有自己一个孩子的时候，与其他兄弟姐妹出生之后的时候，自己所处的状况会发生明显的变化，因此，孩子们必须去思考如何应对包括父母态度转变在内的那些变化。随之，兄弟姐妹间的性格就会大不相同。

01　第一个孩子

第一个孩子势必要经历的事情

来看一下第一个孩子。

第一个孩子通常很受关注和宠爱，习惯了自己处于家庭里的中心地位，常常是毫无准备地突然发现自己的地位被夺走了。认为其他的孩子出生后，就不再是一个人了。现在必须和竞争者共享父母的关注。

（《自卑与超越》）

第一个孩子在出生之后的一段时间里独占父母，可以将父母的爱、关注、关心集于一身。但是，弟弟或妹妹一出生，他（她）就夺取了父母。这个时候，父母往往会对第一个孩子说"我们会和之前一样爱你的"。

这并不是在说谎，父母是真心那么想。但是，第一个孩子会怎么理解呢？或许会认为父母说的话一点儿都不真诚。因为，父母物理性时间的——有过育儿经历的人或许会明白——大约80%会被刚刚出生的孩子占去（因为婴儿需要不断的照顾）。父母会说"这个孩子多可爱啊！他是你的弟弟哦！"，但作为哥哥或姐姐的话，很可能觉得从产科医院跟父母一起回来的弟弟或妹妹一点儿都不可爱。

第一个孩子在很长一段时间里，都会认为自己就像是独生孩子一样。（但是，）即便时间长短有所不同，可日后势必要从王座上跌落下来。

即便父母再怎么说"我们会和之前一样爱你的"，由于实际上的陪伴和时间大多会被新出生的孩子占去，集父爱母爱于一身，被宠爱着长起来的第一个孩子就会从王座上跌落下来。第一个孩子必须去经历被迫跌落王座的事情。

当然，这种从王座上的跌落绝不是物理性的下降，可以说是"心理性的下降"。因此，也会有并不认为自己跌落的孩子。并不是说曾经作为家里的第一个孩子都会感到被弟弟或妹妹夺去了王座。阿德勒说，石头离开手一定会落下，但在"心理性的下降"中，"严密的因果律并不是问题"（《儿童教育心理学》）。

"跌落王座"的影响

那么，从王座上跌落下来的第一个孩子会怎么做呢？必须得夺回父母的关注和关心。他（她）们又会想出什么手段呢？第一个孩子会成为好孩子，试图当一个非常懂事听话的好孩子。常常被说"你可是姐姐（哥哥）哦"的孩子们会认为"是的，我是姐姐（哥哥），所以，必须要努力"，并拼命做一些能令父母满意的事情。

可是，事情未必会进展顺利。被父母嘱咐说"好好照顾弟弟（妹妹）"的哥哥或姐姐，如果遇上弟弟或妹妹大哭的话，往往会被训斥说"你做了什么过分的事情吧"。如此一来，第一个孩子就会认为即使自己这么努力也不能得到父母的认可，于是便会转而下决心做个坏孩子。然后便会出现问题行为，常常在最令人头疼的时候去做一些最令父母头疼的事情。这样一来，理所当然会被训斥，但孩子却认为即便以这样的方式也要获得父母的关注，因此便不会停止问题行为。

一般说来，第一个孩子大多勤奋努力，但其也会有试图用权力解决问题的倾向。与弟弟或妹妹相比，第一个孩子在权力上占绝对性优势。由于自己在权力上占优势，所以便会想要用权力去解决问题，一旦这种成功的经历多了，长大之后其也会对其他人做同样的事情。

第一个孩子通常会以某些方式表示出对过去的关心，喜欢回顾、谈论过去，是过去的崇拜者，而对未来比较悲观。有时候，失去了自己的权力和由自己支配的小王国的孩子会比其他人更了解权力和权威的重要性。长大之后，往往会喜欢参与权力的行使，夸大规则和纪律的重要性。认为所有事情都应该处于支配之中，任何法律都不应该随变变动，权力应该总是保持在有资格拥有它的人手里。我们可以理解为孩子时代的这些影响带有使人趋于保守主义的强烈倾向。

（《自卑与超越》）

第一个孩子往往具有强烈的保守性倾向。为什么会变得保守呢？因为，对第一个孩子来说，现状的改变没有带来什么好的事情。由于经历过以前父母都是只关注自己而现在不再那样的原体验，第一个孩子往往非常恐惧现状出现变化，长大之后就会害怕竞争者的出现。

例如，即便是喜欢上谁（青春期谁都会有这种经历吧），明明现在与其的关系非常好，却会担心地想肯定会有威胁到自己存在的强大的竞争对手出现。那是因为小时候有过类似的经历，尽管非常喜欢某人也建立了良好关系，但仍然试图在两人的关系中找出不好的地方。

不仅疑心"或许这个人并没有那么爱我"，而且还会猜想"也许已经有竞争对手出现了"，于是便试图从对方的行为中找出其不爱自己的证据。如此一来，发现一些所谓的蛛丝马迹之后，爱情便会变得不顺起来。

常常发生的一种情况是：小时候经历过的事情，长大之后，换个对象，还会继续做同样的事情。

何时经历跌落王座

第一个孩子在几岁会经历跌落王座？据此，情况也会有所不同。阿德勒认为"只要出生时间有一年的间隔就足以令第一个孩子体会到王座跌落，并且这种影响痕迹会伴随其一生"（《自卑与超越》），并说倘若间隔三年以上的话，就不会形成竞争关系了。但是，据我的经验来看，即使两个孩子相差三岁，也避免不了竞争关系。

那个时候，必须去考虑第一个孩子已经获得的人生空间以及因为第二个孩子而使那种空间受到限制的事情。很明显，为了更加详细地认识这种状况，必须拿出很多要素作为引证。特别是，时间间隔不长的话，还必须考虑到孩子无法利用语言概念很好地去思考表达整件事情。如果是这样的话，就不会通过之后的体验得以矫正，只能留待日后借助与整体关联的个体心理学知识加以矫正。

（《自卑与超越》）

倘若是在语言不通的时候经历跌落王座，孩子首先会陷入恐慌。因为其尚且不懂自己为什么会如此不安，不明白是由于竞争者的出现，父母的爱和关心等被夺去之类的意思。假如是能够在某种程度上理解语言的年龄，父母就可能对其进行解释，但即便如此，也很难完全消除孩子心中的不安。

我的孙女今年三岁，在弟弟出生的时候就陷入了恐慌。由于语言发育早，亲子之间反复进行了沟通商谈。如果双方能够进行语言交流，就可以进行解释说明。但是，孙女还是说一些"害怕小孩子"之类的话。

说"害怕小孩子"的第一个孩子的真正意思，或许父母也无法理解。但是，倘若是能够像这样用语言好好表达自己感受的年龄，父母或许也可以跟孩子解释，告诉他（她）不必把现在的感受想成是"害怕"。假如孩子能够客观认识自己的感情，或许就可以摆脱不安或恐惧。

越是被娇惯的第一个孩子越会心生怨恨

而且，第一个孩子对第二个孩子的情绪有时也会演变成"怨恨"。

偶尔见到的憎恨情绪或者死的欲求，往往是我们所了解的共同体感觉方面的教育不当所造成的人为性产物，仅仅出现在被过度娇惯的孩子身上，并常常指向第二个孩子。在第二个孩子身上时常也会看到与此类似的情绪和不开心，尤其是他（她）们被过度娇惯的时候，会将这种情绪指向其后出生的孩子们。但是，第一个孩子如果被过度娇惯的话，由于其特别的立场会比其他孩子更有利，一般就会强烈感受到跌落王座。

（《自卑与超越》）

对后来出生的孩子产生"憎恨情绪或者死的欲求"，这种说法有些可怕。年轻人有时会说"那种孩子，死了也不可惜"，但旁边的人听了会吓一大跳。阿德勒指出，弟弟或妹妹出生前其是被父母宠爱着成长，认为自己就是家庭中心的第一个孩子，有时会对之后出生的兄弟姐妹产生憎恨情绪。

但是，这并非普遍性现象。阿德勒说其是"共同体感觉方面的教育不当所造成的人为性产物"。所以，如果能够正确教导孩子"与人合作"，就能够避免这种事态的发生。必须告诉孩子弟弟或妹妹绝不是竞争对手。如果能够好好教导孩子作为哥哥或姐姐，必须在生活中去帮助照顾弟弟或妹妹，而孩子也能够理解这一点的话，就不会发生那样的事情。

父母应该如何对待第一个孩子

如前所述，如果能教会孩子与人合作，就不会发生大问题，因此，父母对待孩子的方式非常重要。

第一个孩子中也会有想要去保护、帮助的人。那样的人会练习着去模仿父亲或母亲，时常对下面的兄弟姐妹尽些父亲或母亲的职责。照顾、教导兄弟姐妹，并觉得自己有责任为兄弟姐妹的幸福着想。努力想要保护他人，一旦夸大，有时也会变成想要让兄弟姐妹一直依赖自己或者试图支配兄弟姐妹的欲求，但这些是我们希望看到的情况。

（《自卑与超越》）

虽然阿德勒这么说，但倘若悲观一些来看的话，即便是父母耐心教导孩子合作，也完全没有娇惯育儿，遗憾的是依然会发生孩子出现问题行为的情况。当然，阿德勒所说的关涉方式，我认为做还是比不做要好。不过，过于夸大哥哥或姐姐保护弟弟或妹妹这一点的话，或许会令哥哥或姐姐变得具有支配性，而作为弟弟或妹妹或许有时也会变得具有依赖性。我认为阿德勒是从善意的角度来说"这些是我们希望看到的情况"。

通常，第一个孩子并未做好迎接弟弟或妹妹出生的准备。新出生的孩子的确会将关注、爱、感谢等从第一个孩子那里夺走。因此，第一个孩子便想要将母亲夺回来，并开始思考获得关注的方法，尽力争求母亲的爱。

这就像前面看到的一样，实际上，第一个孩子常常试图将母亲的关心拉向自己。即使对于母亲来说，第一个孩子是最初的孩子，因此也会非常疼爱。阿德勒当然不是说父母不可以爱孩子，但是，有必要先了解清楚母亲的职责是什么。

对于孩子来说，母亲是其在这个世界上遇到的第一个"同伴"。能够认为自己以外的人并非企图陷害自己的可怕者，而是如果有需要就会帮助自己的同伴，这非常重要。只有能够这么想，才会愿意合作、帮助他人。因此，阿德勒说，母亲必须告诉孩子他人绝不是什么敌人，在这之前，母亲自己也应该认识到孩子在这个世界上遇到的第一个同伴是自己。

问题是，母亲有时会告诉孩子"只有自己"对孩子来说是同伴。母亲不可以独占孩子。父亲自不必说，必须告诉孩子，自己以外的其他人也都是"同伴"。若非如此，孩子就学不会合作。对此，父母的责任非常重大。

02　第二个孩子

第二个孩子往往很精明

接下来看一下第二个孩子。

在第一个孩子下面出生的弟弟或妹妹同样可能会失去自己的
地位，但恐怕并不会像第一个孩子那样感受强烈。他（她）们已
经经历过与其他孩子之间的合作，也从未当过被照顾和关注的唯
一对象。当然，如果让他（她）们感受到父母的爱，如果他（她）
们能够体会到自己的位置很稳固，并且，尤其是如果让其对弟弟
或妹妹的出生做好准备，练习着帮忙照顾弟弟或妹妹的话，或许
就不会产生什么恶劣影响，顺利度过危机。

（《自卑与超越》）

第二个孩子，由于一出生上面便有哥哥或姐姐存在，所以从
未独占过父母的爱、关注和关心。这一点是一开始便注定了的与
第一个孩子之间的决定性差异。

　　第二个孩子处在完全不同的位次以及无法与其他孩子相比的状况之中。自出生时起，第二个孩子便要与第一个孩子共享（父母的）关注。因此，第二个孩子会比第一个孩子稍具合作精神。周围人多的时候，倘若第一个孩子不对第二个孩子进行争斗、排挤的话，第二个孩子会处于非常好的位置。但是，第二个孩子最重要的事实是整个儿童时代都有一个带跑者。在各个年龄和成长节点上，总是有一个孩子走在自己的前面，会被刺激着不断努力追赶。典型的第二个孩子马上就会明白，就像是在竞争一样，有人超前一两步，必须赶紧追赶似地行动。总是全力以赴。不停地苦战，试图胜过、征服哥哥或姐姐。

　　关于"带跑者"，想想马拉松选手就会明白。因为跑在最前面的人很辛苦，所以，为了避开风的阻力，有的选手会紧紧跟在带跑者的后面跑，这就是第二个孩子（带跑者的任务一结束就会在比赛途中退出跑道）。兄弟姐妹之间的情况与此也有相似之处，一旦看到哥哥或姐姐这一带跑者有所泄劲儿，第二个孩子有时就会一口气赶超过去。也就是说，第二个孩子非常精明。

　　由于我是第一个孩子，忍不住用了"精明"这一说法。但第二个孩子因为看到了哥哥或姐姐的失败，所以绝对不会犯同样的错误。例如，想想两个孩子在小学入学时候的事情也许就能明白。

　　学校对于第一个孩子来说是初次经历，因此，并不知道那里会发生什么，也无法想象，自然就会产生不安。但是，第二个孩子由于仔细观察了哥哥或姐姐的经历，便可以在某种程度上想象一下在小学里学习是怎么一回事。因此，哥哥或姐姐犯过的错误他（她）们绝对不会去犯。与笨笨的哥哥或姐姐不同，第二个孩子往往非常精明。对第二个孩子来说，带跑者的存在非常重要。

第二个孩子习惯了竞争

阿德勒还引用了《圣经》中一个很有意思的例子。

《圣经》包含着精彩的心理学方面的洞察力。典型的第二个孩子在雅各的故事中被描写得非常精彩。雅各想要成为第一，夺取以扫的地位，打败、战胜以扫。第二个孩子往往为慢吞吞走在后面的感觉而焦急，于是便会拼命想要追上他人。他（她）们时常会成功，第二个孩子常常会比第一个孩子更有才能、更成功。在这里，我们无法认为遗传与这种成长有关系。因为，这都是源于如果能够更快地走在前面，就会拼命去争取。即便是长大后走出家庭，也时常会利用带跑者。第二个孩子常常会与比自己处于有利位置，并认为其试图超过自己的人比较。

（《自卑与超越》）

以扫和雅各是《圣经·旧约·创世纪》中登场的双胞胎兄弟，弟弟雅各冒充哥哥以扫骗过父亲以撒，获取了继承权。

对于第一个孩子来说，优秀的第二个孩子是一种威胁。特别是有一个优秀妹妹的哥哥常常会产生一种危机感。虽然那种情况大多是哥哥的主观性想法，但担心妹妹可能会比自己优秀的哥哥长大之后也会出问题，我就经常见到这样的事例。除了兄弟姐妹间的竞争关系，或许也跟至今依然存在的男性必须占优势这一社会价值观有关系。

我也有一个小我一岁的妹妹。孩童时代，她在学校的学习成绩非常优秀，并且人也非常精明，与此相对，我认为自己却做不到像她那样，与这种想法一起，有时我也会产生一种强烈的自卑感（长大之后问了一下才知道，妹妹那时觉得我更优秀……）。

阿德勒说第一个孩子与第二个孩子会有各自常做的独特的梦。第一个孩子常做的是坠落之梦。经常梦见自己突然从某处失足踩空或者坠落而下。为什么会做这样的梦呢？因为，第一个孩子虽然追求优越性，但却没有自信。虽然努力想要做到优秀，但却没有把握能获胜。因此时常会做坠落之梦。与此相对，第二个孩子经常会做一些竞争的梦。梦见自己追赶火车或者骑着自行车与人比赛，等等。梦的内容很不相同，仅仅听其讲一下常做什么样的梦，就可以明白其位于兄弟姐妹中的什么位次。

阿德勒认为梦是现实的排练。也就是说，人在白天醒着和晚上睡觉的时候都是以同样的生活方式和性格生活着。解决问题的方法在醒着和睡着的时候也完全一样。换句话说，一个人的梦非常清晰地表现了这个人的生活方式或性格。

　　但是，虽然在心理咨询中有时也会通过询问梦的内容来诊断一个人的生活方式或性格，但却并不做一些诸如梦里出现了什么、象征着什么、具有什么样的意义之类的解释。在阿德勒心理学中，所关注的是人在梦中如何去解决人生课题。

第二个孩子往往好斗

　　看下面这段引文。

　　在这里我们会看到无休止的争斗。这并非事实上具有力量，而是为了能够看上去有力量。第二个孩子在达成目标，战胜或败给在自己前面的第一个孩子，几乎达到神经症状态之前，是无法控制自己进行争斗的。第二个孩子的心情可以比照为弱小者的嫉妒，也就是遭受冷淡对待的压倒性情绪。第二个孩子的目标设定得非常高，因此，其一生都会为此痛苦，往往因为理念、虚构或无价值的伪装而迷失了人生的真实，结果失去内心的和谐。

（《理解人性》）

　　由于第二个孩子认为自己必须胜过第一个孩子，因此，一旦这一目标无法实现的时候，也有可能使人生过得很痛苦。前面也已经说过，并不是因为哥哥或姐姐优秀，自己就必须采取与哥哥或姐姐一样的生活方式，也可以选择在哥哥或姐姐不擅长的领域好好奋斗，但却偏要在与兄弟姐妹相同的舞台上一争高下，这也是第二个孩子的性格。

在以后的人生中，第二个孩子也不怎么会去忍耐其他兄弟姐妹的严格领导权或者认同"永远的法律"之类的想法。第二个孩子往往相信没有绝对无法推翻的权力。

（《人为什么会患神经症》）

这也是第二个孩子的特征。不服从权威。阿德勒称其为"革命的巧妙性"，面对支配性的人或者传统，会试图想办法打破现状，这是第二个孩子的特征。第二个孩子往往会认为绝对不能输给视自己为"父母权威的代表者""权威和法律的信奉者"的第一个孩子。

中间的孩子

第二个孩子的下面如果不再有弟弟或妹妹出生的话，那这个孩子就是后面要考察的"最小的孩子"，但如果还有弟弟或妹妹出生的话，就成了夹在哥哥或姐姐与弟弟或妹妹之间的"中间的孩子"。中间的孩子会被紧紧地挤压（squeeze）在中间。

由于出生时有哥哥或姐姐在，虽然一开始父母的关注或关心是指向自己的，但随后一旦有弟弟或妹妹出生，父母的关注和关心就会被夺走。在兄弟姐妹位次中，最难以被关注的就是中间的孩子。在这个意义上来讲，现代的阿德勒心理学者有时会将中间的孩子解释为"夹在中间，被榨取、挤压的孩子们"。

中间的孩子具有什么样的特征呢？由于比其他任何兄弟姐妹

位次的孩子都更难获得关注，中间的孩子有时会出现问题，但也会成为非常自立的孩子。也就是说，不去指望父母。由于并不期待父母为自己做什么，所以会很快地自立。在兄弟姐妹中往往容易最早走到家庭之外去的就是中间的孩子。例如，如果是大城市生活的孩子，也许相当多的会离开父母身边，到别的地方去上学或者就职。

从父母的立场来说，需要格外注意中间的孩子。我在做心理辅导的时候，常常会一边想着"这个孩子或许认为自己得不到父母的关注"，一边稍微有意识地对其加以关心。

03　最小的孩子

家中永远的婴儿

下面来看一下最小的孩子老幺。

除了最小的孩子，所有的孩子后面都有后出生的孩子存在，因此就有可能从王座上跌落下来。但是，最小的孩子却不会从王座上跌落下来，因为他（她）们没有后出生的兄弟姐妹，却有很多带跑者。最小的孩子常常是家里的婴儿，恐怕也是最受宠爱者。越是被娇惯的孩子越要面对人人都会有的问题，由于极其受刺激，非常爱竞争，最小的孩子往往很出众，会比其他孩子成长得更快，并且比所有孩子都优秀。最小孩子的位置在整个人类历史中都一样。在我们最古老的传说中，也可以看到最小的孩子如何胜过哥哥或姐姐的故事。

（《自卑与超越》）

关于最小的孩子，阿德勒在这里使用了"家里的婴儿"这种说法。这是现代的阿德勒心理学也在使用的词语。

有句其他兄弟姐妹位次的孩子肯定会被说，但唯独最小的孩子绝不会被说的话，大家知道是什么吗？那就是"从今天起，你就是哥哥（姐姐）了"。不用说，这是因为其下面不再有弟弟或妹妹出生的缘故。

哥哥或姐姐到了一定年龄能够做到的事情，最小的孩子即使到了那个年龄做不到，父母也不会那么在意。因此，有的阿德勒派心理咨询师也会使用"永远的婴儿"这一说法。在这个意义上来讲，最小的孩子大多会变得非常具有依赖性，很有可能出现本来必须由自己完成的事情也去依赖父母的情况。

不过，我绝不认为那是缺点。就像阿德勒强调的"重要的不是被给予了什么，而是如何去利用被给予的东西"，虽然最小的孩子可能会变成婴儿，但同时也很擅长向人求助。虽然其是否真的需要帮助尚待讨论，但就作为第一个孩子的我看来，最小孩子的这种性格非常令人羡慕。因为第一个孩子什么都想要靠自己解决，不怎么找人商量。常常独断专行，会觉得找人商量很丢脸。

我曾在精神科医院上班，那个医院的院长比我年幼，是家里兄弟姐妹中最小的孩子。在当时的医疗事务中，已经开始使用个人电脑了，但那电脑时常死机。也就是说，画面会卡住不动。这种时候，作为第一个孩子的我往往会去翻开使用手册，翻着厚厚的使用手册，拼命地详细查看哪里出了问题或者自己的操作方法有什么不当之处。于是，院长常常会走过来问"你究竟在做什么呀"。如果我回答说"没什么，电脑出故障，画面不动了，所以我正在查看问题出在哪里"，院长便会马上打电话给开发那个程序的医生，问一些就我看来非常初级的问题。

当然，这是一个例子，也可以说是最小孩子的典型。能够这么做的人或许在某种意义上来说非常容易生存。能够轻易向人求助，我认为这是最小孩子的优点。

再举个别的经历，在演讲会等的最后提问环节，最早举手的多是最小的孩子。最小的孩子并不怎么在意问这样的问题别人会怎么看。即便是我认为明明可以自己思考的问题，最小的孩子也会无所顾忌地勇敢提问。

若是第一个孩子，似乎很多人会在提问之前先想一想。心存一些诸如"问这样的问题，倘若是非常初级的问题，会不会被演讲者或听众瞧不起呢"之类的多余顾虑。因此，有时在还没能提问的时候，提问时间就结束了。我确实感觉最小的孩子是值得被爱的人。

约瑟的故事

阿德勒认为，在童话故事中也能够发现很多最小的孩子非常优秀的案例，并在这里列举了《圣经·旧约·创世纪》中的一个例子。

> 约瑟作为最小的孩子被养育起来。虽然便雅悯比约瑟小 17 岁，但他对约瑟的成长没有起到任何作用。约瑟的生活方式是典型的最小孩子的生活方式，他就连在梦里也总是主张优越性。其他的人必须跪在他面前，他将其他所有人都置于影子之中。兄弟姐妹们非常了解他的梦，这并不困难。因为，大家与约瑟在一起，他的态度也非常明确，他们也经历过约瑟身上所唤起的情绪。哥哥们害怕并试图杀掉约瑟。但是，约瑟最终成了最优秀的人。后来，约瑟还成为全家人的靠山和支柱。

> （《自卑与超越》）

由于弟弟便雅悯是在约瑟 17 岁时出生的，约瑟的儿童时代实质上与最小的孩子一样。作为最小孩子的约瑟备受父亲雅各（前面出现过的双胞胎中的弟弟）的偏爱，因此招致其他兄弟姐妹的反感，并由于哥哥们的阴谋而被卖给旅行的商人，被带去埃及。后来，约瑟做了埃及的高官，在那里解开了法老做的梦。因此被大加赞赏，并且他还预言到大饥荒，继而当了宰相。在饥荒之年，有一些到约瑟这里乞讨食物的人，那其中便有曾经卖掉约瑟的哥哥们。他们没有注意到弟弟，但约瑟却原谅了哥哥们，并将他们与父亲一起接了回来。这是《圣经·旧约·创世纪》中的故事。

引文中出现的约瑟的梦是这样的内容：约瑟在田里捆禾稼，自己的禾稼捆站了起来，哥哥们捆的禾稼捆则围在其周围行礼。

此外，太阳、月亮和十一颗星星也向自己行礼。这都预言了哥哥们会向约瑟拜倒。并且，果然如此，最终约瑟成了拯救整个家族的救世主。

最小孩子的缺点

前面只看了最小孩子的积极面，阿德勒也指出了最小孩子的缺点。

最小的孩子形成了问题行为孩子的第二大群体（产生问题行为的第一大群体是第一个孩子）。这是因为最小的孩子往往会被全家人娇惯，被娇惯的孩子绝对无法自立。最小的孩子虽然总是有野心，但在所有的孩子之中，最具野心的孩子往往是懒惰的孩子。懒惰是缺乏勇气的野心之象征。由于这种野心非常强烈，人几乎不相信能够实现。最小的孩子有时根本不承认自己有野心，这是因为其想要在所有事情上都很优越。最小的孩子抱有极其强烈的自卑感，这一点也很明显。因为最小孩子周围的人都比自己年长，而且富有力量和经验。

（《自卑与超越》）

上面的哥哥、姐姐当然比自己更具力量和经验，悲观地看待这种状况的最小的孩子或许就可能会产生自卑感。

阿德勒屡次使用"娇惯"这个词，但并没有写清楚"娇惯"

163

的定义或者具体例子。我儿子还在上小学的时候，我曾问他："你知道娇惯是什么吗？"那个时候，儿子立即给出了这样的回答："就是什么都不让做"。

这是正确的答案。父母什么都不让孩子做。明明是孩子的课题，父母如果将孩子的课题包揽过来的话，孩子就会在对自己的人生负责这个意义上变成无法自立的孩子。

思考：是应该提高协调能力还是应该自力更生

（节选自 NHK 文化中心"性格心理学"讲座答疑）

听众：您说，作为与最小孩子的对比，第一个孩子往往什么都想要自己解决，不擅长寻求他人的协助。那么，作为第一个孩子成长的人们是不是应该认识到这一点，通过有意识地向他人寻求协助来提高协调能力呢？相反，还是积极地看待这种不去依赖他人而是想办法自力更生的性格特征，自我悦纳这一点，努力活出自我好呢？我认为并不能说哪一种做法好，但具体该怎么做呢？

岸见：是啊，正如您所言，不能说哪一种做法好。倘若先说结论的话，或许是应该灵活运用这两个方面。

首先需要看清楚，哪些是自己能够做到的，哪些是依靠自己的力量无法做到的。第一个孩子身上经常会出现的问题就是自己做不到的事情也坚信自己能够做到，或者，明明是做不到的事情却认为应该去做。很多情况下，第一个孩子都是独断家。三木清说独断家是"理性的败北者"。独断家完全不考虑其判断是否正确，也不跟人商量。总之，就是认为应该由自己做决定。因此，第一个孩子往往会从自己做决定这件事本身去寻求意义，而不关心其所做决定是否正确。

但是，任何决断都有可能出错。当今，新冠肺炎疫情流行，该病毒是未知事物，也不知道今后会发生什么。我想谁都没有预想到会演变成这样一种状况，政治家或官僚们在自己提出的措施明显出现错误的时候，必须果断将其撤回。而做不到这一点的人或许大多是家里的第一个孩子吧。即便不是第一个孩子，那种不在意决定的内容是否正确，而是拘泥于由谁下决定的独断家也是有百害而无一利的。

尤其是站在领导位置上的人，果断而有力地做决断，这本身并没有错。但是，必须要知道决断本身会有出错的时候，若是认为仅靠自己无法判断，那就要去听一听他人的想法，倘若意识不到这一点，这个国家的不幸或许就不会结束。

因此，前面我也说过，第一个孩子往往是实干家，非常勤奋，关于自己能做的事，发挥自己的特长也可以。但是，关于自己不足的地方、不懂的事情，要有意识地向人求助。因为，求助他人并不是什么可耻的事情。再重复强调一遍，关键是要冷静地看清楚事情仅靠自己是否能够做到。

04　独生孩子

独生孩子往往善于与年长者相处

最后来看一下独生孩子，也就是独生子女的特征。

独生孩子有其特有的问题。他（她）们虽然有竞争对手，但并不是兄弟姐妹。竞争的感觉会指向父亲。独生孩子往往会被母亲娇惯，母亲害怕失去孩子，常常想将其置于自己的保护伞之下。独生孩子的所谓"恋母情结"一般会比较强，他（她）们往往会紧紧抓住母亲的围裙带，并试图将父亲排挤开。倘若是父亲和母亲协作育儿，让孩子对父亲和母亲都充满关心，也可以防止这种事情的发生。但是，一般情况下，父亲跟孩子接触的时间要比母亲少很多。第一个孩子有时会跟独生孩子很相似，常常想要比父亲更优秀，而且喜欢跟比自己年长的人待在一起。

（《自卑与超越》）

这一点大家都知道吧。实际上，总会有一些不太注意的人会

对没有孩子的夫妻说"还没要孩子吗"，而后又若无其事地问只
有一个孩子的夫妻"什么时候再要一个呀"。但是，独生孩子非
常害怕会有弟弟或妹妹出生。

接着看上面引文的续文。

使独生孩子的成长处于危险境地的另一种状况是成长在一个
"胆怯"的家庭环境中。倘若父母因为身体原因无法再有孩子的话，
那就无法解决独生孩子的问题了。但是，这样的孩子在可能已经无
法再要孩子的家庭中时常能够见到。父母胆怯而悲观，往往会认为
经济上无法再多抚养孩子。家庭整体氛围充满不安，孩子非常痛苦。

现在，经济非常窘迫，贫困儿童也已经成为一大社会问题。
虽然国家没有像战前那样大力呼吁"要生！要多生！"，但不懂
体谅民情的政治家会说，为了解决人口老龄化问题，必须多要孩子。

实际上，也许现在并不具备养育多个孩子的环境。我认为，
在从这个意义上考虑只想要一个孩子的家庭中，就有可能会充满
阿德勒所说的不安氛围。

如果家里孩子们之间的年龄间隔比较大，各个孩子或许多少
都会具有一些独生孩子的特征。

独生孩子不会经历兄弟姐妹关系的纠葛。因此，独生孩子往
往不太擅长与同年龄段的孩子相处，但却非常善于跟年长者来往。
由于与父母或者（外）祖父母之间的关系非常密切，所以，独生

孩子已经习惯了与大人之间的关系，很早便能够与大人平等对话。

并且，因为不存在兄弟姐妹间的竞争关系，所以，父母的关心全都会集中在独生孩子的身上。因此，独生孩子可能会被娇惯着成长，最终也许会变得过于依赖或者以自我为中心。但另一方面，也有可能成为非常自立、在生活中努力与他人合作的孩子。

就像引文中所说，独生孩子的竞争对手不是其他兄弟姐妹，而是父母。因为独生孩子的竞争对手尤其会是父亲，或许也有人会想起"俄狄浦斯情结"这个词。弗洛伊德说男孩子往往会视父亲为竞争对手并嫉妒父亲，"甚至想要杀掉父亲"。当然，阿德勒指出这并不是普遍性的事实，仅仅适用于某些被惯坏的孩子。

独生孩子具有的不安

来看下面这段引文。

独生孩子常常极其恐惧后面会有弟弟或妹妹出生。亲友们往往会说"有个弟弟或妹妹多好啊"，独生孩子对此非常厌烦。他（她）们想要一直当关注的中心。独生孩子实际也感觉这就是自己的权利，并认为倘若这一立场受到威胁就倒大霉了。

（《自卑与超越》）

倘若上下两个孩子之间有比较大的年龄间隔，各个孩子往往就会表现出独生孩子的特征。例如擅长与年长者搞好关系，由于父母的关心多指向自己而变得过于依赖等。

父母应该采取的态度

那么，接下来为本章做个总结。就像一开始说的一样，前面分析的源于"兄弟姐妹位次"的特征始终只是一种倾向而已，这一点需要我们特别加以注意。实际上，各种各样的要素会相互重合，因此，绝对不能说"一定会这样"。在立足于这一点的基础上，父母或许可以按照下面这样的方式来与孩子接触。

首先，"不要让孩子之间进行竞争"。为此，要做到"不表扬、不批评"。一旦表扬或批评孩子，看到这一点的兄弟姐妹之间就会产生激烈的竞争关系。如果父母不让孩子之间进行竞争的话，兄弟姐妹的性格或许就不会那么不同了吧。相反，倘若孩子们的性格差异非常大，即便不是有意识的，那也会在不知不觉间让孩子们进行竞争。

与此同时，必须教孩子们与家人合作。在考虑这两点的时候，父母能做的事情具体有：既不表扬，也不批评，当孩子以某种方式与家人合作的时候，针对其合作或者对家人的贡献，说些"谢谢"之类的话。只这一点就够了。

关键是要让孩子明白一点：即便孩子赢了与其他兄弟姐妹之

间的竞争，也并不能因此而得到父母的关注、关心，但如果与家人合作，父母就会给予其认可，并对此说"谢谢"。

关于不娇惯孩子这一点，前面已经讲过了，自不必说。父母不可以随意干涉孩子的课题，这一点也必须要特别注意。

07
Chapter

第七章
如果改变了性格，人生
也会改变

性格并非与生俱来

前几章以《性格心理学》为中心分析了阿德勒的性格论。我想读了前面内容的读者朋友应该会明白，阿德勒关于性格的观点是"绝非与生俱来"。

今天似乎很多人会认为性格是与生俱来的东西。但是，阿德勒说性格并非与生俱来，而且还是"自己选择"的结果。

师从亚里士多德的古希腊哲学家提奥夫拉斯图斯在其著作《人物志》中大约谈到了三十种性格，还介绍了很多关于各种性格的具体而有趣的事例。提奥夫拉斯图斯这么说：

"明明受了相同的教育，可为什么人的性格会不一样呢？"

这是该书要讨论的根本性问题。作者一开始便写道：明明同样是生在雅典这一都市，在那里受着相同的教育长大，为什么人的性格会如此不一样呢？

我们想一想就能明白，就像上一章看到的那样，生在同一个家庭，在大致相同的环境中，由同一对父母抚养长大的兄弟姐妹的性格也明显不一样。在思考为什么会出现这种差异的时候，阿德勒认为这只能理解为是自己本人选择的结果。阿德勒解释说："倘若成长条件大致相同但性格完全不同的话，那都是孩子自己选择的结果。"

阿德勒还说了下面的话。

认为同一个家庭的孩子们就是在相同的环境中成长，这是人们经常会犯的错误。

（《人为什么会患神经症》）

虽然生长在同一个家庭里，但并不能因此就说孩子们是在相同的环境中成长。例如，第一个孩子、中间的孩子和最小的孩子，他（她）们会分别形成不同的性格，差别大到甚至可以说是生长在其他不同的家庭。首先，我们必须了解"性格并非与生俱来"。

性格并不等于"自己"，而是自己在选择性格。

我想熟悉电脑的人也许立刻就能理解，OS（operating system，操作系统）一旦改变，电脑本身就完全不一样了。大家或许有过这种经历吧，一旦为因驱动不足而运行缓慢的电脑下载并安装上新的OS，处理速度就会变快，简直就像是一台完全不同的电脑。

电脑就是自己，OS是性格。性格并不等于自己，这一点也必须要清楚。

何谓性格

那么,性格是什么呢?我们来看一下阿德勒的文章。这是《性格心理学》第一章"总论"的开头部分。

我们平时所理解的性格特征,其实是我们在面对人生课题时内心状态的一种展现。因此,"性格"是社会性概念。我们只有在考虑人与周围世界关联的时候才能够谈性格。

引文中出现了"人生课题",阿德勒将人际关系说成是"人生课题"。也就是说,性格是人致力于人际关系时"内心一定表现形式的展现",它是"社会性概念"。关于"社会性概念",后面会进行说明,总之,要在与他人的关系中去理解性格,而不是将性格作为个体的内心问题来把握。

阿德勒在这本书的开头便写道,如果不去考虑一个人与他人或周围世界是怎样进行关联的,那就无法理解性格。

在翻译《性格心理学》引文起始部分的时候,我就将其翻译成了"性格特征",而不是"性格"。德语的"性格"是Charakter,用英语讲就是character,而阿德勒则在Charakter的后面附加上了Zug这个词(复数形式是Züge),表示为Charakterzug,Charakterzüge。

日本作家多和田叶子在《和语言漫步的日记》这部随笔中谈到了Charakterzug这个词,并将其译为"性格线"。例如,认为"这个人是易怒的性格"，往往是在第二次看到那个人怒火冲天的时候，第一次发怒和第二次发怒的情景之间被画出一条线，从中能看到这个人易怒这一点。但是，书中也写道，人其实比这还要复杂，也有些情况是，初次见面时马上就热情融洽，但第二次见面时却变得非常冷漠，再集合这些充满矛盾的要素中，慢慢就会被画出数条线，继而就能看出那个人的"性格面"了。

阿德勒则认为，人是在与他人的人际关系中随时选定自己的性格的，比如，在与某个人的人际关系中易怒，但在与其他人的关系中则并不这样。或许也有人会觉得并非如此，但阿德勒始终认为性格形成于人际关系之中。

引文中的"社会性概念"是指：性格并非某个人固有的内在性质即"个体性概念"，而是在与他人的关系中不断改变的社会性倾向。或许正因如此，阿德勒才使用了"性格特征"这个词。

性格背后包含着目标

这也是阿德勒心理学的独特观点，认为人的性格"是指向某一目标的行为"。换句话说，为了达成某些目标，人才会去选择性格，这样想或许更容易理解。

人的一切行为都根据其目标进行设定。人活着、行事、找到自己立场的方法肯定会与其目标设定有关系。如果心里不装着一定的目标，人根本无法去想、去做。

在画一条线的时候，如果不看着目标，就无法将线画到最后。仅仅有欲求的话，任何线也画不成。也就是说，人在设定目标之前，什么也做不了，只有先展望好未来，才能顺道前行。

（《难以教育的孩子们》）

像这样，阿德勒在各处都论述过"目标"。

倘若我们仅仅有想要画一条线的欲求，就根本画不了线。只有在选定"朝着这里画线"的目标时才能画出线来。

同样，我们的行为中也包含着某些目标或目的。当阿德勒就行为追问"为什么"的时候，那不是在问原因，而是在问目标或目的。被问到为什么会这么做的人一般都会试图回答其中的原因，似乎并不认为阿德勒是在问自己的目标或目的。

为什么呢？因为，大多数情况下，人看不到或者不能清楚地认识到自己的某种行为的目标或目的。

例如，吃面包的时候，"因为肚子饿了"是其原因。问题是并非谁都会因为肚子饿了就一定要去吃面包。肚子饿时吃面包的目的是"为了填饱肚子"，也就是说，自己是冲着填饱肚子这一目标才去吃面包。不过，那始终只是最近的、眼前的目标，自己吃面包的真正目标并不仅仅是为了填饱肚子，或许还有其他因素。

如果难以理解的话，不妨以孩子为例来进行思考。有时候，孩子饿了就会哭。大人往往会理解为"孩子是肚子饿了，想要面包"，实际上，孩子哭的目标或许并不是为了填饱自己饿了的肚子。阿德勒将其称为"被隐藏的目标"，也许是为了达成本人并不清楚、周围人也不明白的目标才去哭。

实际上，孩子是想要通过哭来支配周围的大人。当然，那种力量行使的结果，有时也是得到了面包，但本人是"无意识"的。阿德勒所说的"无意识"，是指别人说了之后自己才明白的一种认识。

即使问孩子"你那样哭的目标或目的究竟是什么"，或许也得不到答案。这个时候，不妨跟孩子指出说"你是因为想要大人听你的话吗"，倘若孩子对此表示认同的话，就可以趁机教给孩子达成这一目标更加有效的方法。

当孩子哭着说想要点心的时候，那并非仅是因为想要点心才哭，其实是为了打动周围的大人，让大人为自己服务才去哭，希望孩子也能认识到这一点。

"如果是为了达到这个目的，其实并不需要哭！"

"那怎么做呢？"

"可以用语言进行请求。"

希望大人能够与孩子进行这样的对话。并不是不能买孩子说的想要的东西。但是，大人并不想被孩子支配。如果孩子能够明白自己是在无意识地试图支配大人，而大人并不希望如此，并且，倘若孩子还能够知道当自己有想要大人做的事情时应该怎么办，孩子的行为就会发生变化。

关于人的"被隐藏的目标"，阿德勒列举出了三种类型。一是希望自己比他人优秀的"优越性"，二是想要比他人更具力量的"权力"，三是想要征服他人的"他者征服"。这就是阿德勒所讲的三种"被隐藏的目标"。阿德勒指出，人往往完全认识不到行为是由这种被隐藏的目标所确定的。

再回到"性格"这一话题，阿德勒认为，性格也是在人际关系中人为了达成目标而选择的结果。

性格的发生

关于"性格"一词与"生活方式"一词之间的差异，我们在第四章已经做过说明，再重新来看一下阿德勒的定义。

性格特征只是人的运动线的一种外在表现形式。

这里所说的"运动线"的意思是，人如何朝着设定的目标运动的路线。"运动线"以与"生活方式"大体相同的意思使用。这种生活方式，此处所说的"运动线"，其外在表现便是性格。

有人勤勉，也有人非常懒惰。对此，阿德勒这么说。

孩子之所以懒惰，是因为那会令其人生比较轻松，同时，这也是孩子强调自己重要性的适宜手段。

例如，那些不愿努力，试图轻松度过人生的人往往会选择懒惰这种性格。引文中所说的"强调自己重要性的适宜手段"是指，即便自己失败了，也可以辩解说"倘若我不懒惰，只要再勤奋一些，自己想做的事情肯定就能够做好了"，以此来让自身的价值不受损伤。

或者，如果孩子因为懒惰而不努力学习，过度干涉的父母就会强迫孩子学习。倘若父母这么做的话，孩子就能够成为家人关注的中心。虽然这是一种特别不正常的方式，但也有人为了自己在职场或家庭中不被他人无视，常常会选择"懒惰"这种性格。具有试图宣扬自己的重要性这一目标（也就是生活方式）的人，有时也会形成一种懒惰性格。

再举另一个性格定义方面的例子。

性格常常能传达出一个人是如何认识周围世界、同伴的，概括说来就是共同体和人生课题。

"一个人是如何认识周围世界、同伴的，概括说来就是共同体和人生课题"，这就是生活方式。这种生活方式的外在表现便是"性格"。所谓"传达"，是将生活方式作为行为表现于外的意思。

认为周围的人对自己来说是非常可怕的存在，稍一不注意便可能会伤害自己的人，无法视他人为同伴——阿德勒无意中只使用了"同伴"一词——而认为是敌人，这也不足为奇。有人认为周围的人是在需要的时候会帮助自己的同伴，而有的人常常对他人抱有一种不信任感，觉得他人可能会加害自己。后者至少是不愿积极地与他人交往，这样的人也许就是形成了一种前面章节已经分析过的消极性格。

因此，我们应该认为，人首先有的是生活方式，然后才基于此去认识自己或周围人是什么样的人，来通过性格这一形式将生活方式表现于外。

生活方式是特有的

在阿德勒心理学的心理辅导中，非常重视了解患者的生活方式。但是，就像前面已经说过的那样，生活方式大多是无意识的，因此，心理咨询师为了了解那个人的生活方式，只能从其无意识的行为中去判断。

例如，当患者进入心理辅导室的时候，会坐在哪里呢——对此，心理咨询师会留心观察。如果准备了咨询者用的椅子，咨询者一般都会去坐在椅子原来所在的位置，但有的咨询者会咕噜噜地把椅子搬到咨询师近旁来。如此一来，由于有点儿威迫感，有的心理咨询师便想往后撤一下自己的椅子，不过，从这种行为便可以看出这个人处理与他人之间距离的方式。也许其是非常友好的人，相反，也有可能是具有强烈攻击性，试图用力量威慑他人这一生活方式的人。

即便是同一个人，根据状况或对象不同，有时也会采取不同的行为。介绍一下接替了阿德勒在维也纳的工作的莉迪亚·基哈这位学者举的一个事例。有一个人，在家里谁都没有见过其笑，但并不是这个人完全不笑，其有时候会在阁楼间里笑。同样是这个人，一旦到了聚会等人群集中的地方，就会非常开朗，常常笑。对于这一事例，她这样来分析这个人的生活方式。

基哈分析说，这个人的目标是"被人尊敬"。也就是说，这个人认为在外面为了被人尊敬需要行事开朗，但在家里则相反，要想被家人尊敬，需要保持一副闷闷不乐、沉默寡言的模样。虽然其在家里和外面的行为正相反，但想要达成"被人尊敬"这一目标的生活方式是一样的。

"生活方式（Lifestyle）"，德语中称为 Lebensstill，一般多译为"生活方式"。那么，我为什么非要保留"Lifestyle"这一表示方式呢？因为，我认为 Life 一词含有"人生""生活""生命"的含义，希望读者能够通过"Lifestyle"这一表示方式同时想象到其全部含义。

Style 原本是"文体"的意思。人的一生其实就是在写一部始于出生，终于死亡的自传。写这部传记时的文体会因人而异。虽然人出生之后最终都要死亡，但期间选择什么样的生活方式，就像每个作家的文体都不同一样，我们的生活方式也各不相同。我希望大家明白生活方式是每个人所特有的，于是便采用了这个词。

性格可以改变吗

本章的开头提到性格是"自己选择的结果"，下面我们来说明一下这一点。即便说性格是自己选择的结果，但或许还是有很多人无法认同，阿德勒则说了下面的话［就像前面章节已经介绍过的一样，阿德勒在其他书中并未使用"性格"，而是使用了"生活方式"（Lifestyle）一词。下面提到的"Lifestyle"也请大家理解为"性格"的意思］。

生活方式常常早在两岁,最晚五岁之前便已经准确表现出来了。

（《自卑与超越》）

也就是说，两岁开始形成，在五岁前就会准确表现出来。即便这么说，或许大家也并不记得那么小的时候发生的事情。

我曾问过我的儿子"记得小时候的事情吗"，他完全不记得了。我多年接送儿子和女儿上托儿所，虽然那对我来说是非常辛苦的事，但到现在我也只有一些片段性的记忆。就连作为大人的我都不记得，如果是孩子的话，即便跟其讲"五岁的时候，你就自己选定性格了"，或许其也无法认同吧。

现代阿德勒心理学认为，一个人的生活方式的确立或许是在十岁左右。在那（十岁左右）之前，人会反复尝试各种各样的生活方式，到小学三四年级的时候，往往会下定决心"就以这样的生活方式活下去"。

大家或许也不太记得自己十岁以前的事情了吧。例如，也许片段性地记得搬家或者遭遇事故受重伤之类的重大事件，但若要问那究竟是几岁时候的事情，也许我们并不能马上回答出来，而且也无法按照时间顺序列出事件。但是，十岁以后的事情会记得比较清楚。因此，现代阿德勒心理学认为一个人的生活方式或许是在那个时候决定下来的，但这也存在争论，且并没有得出准确结论。

此外，生活方式的选择也并非一次完成的。我记得自己在比十岁稍大一点儿的时候，自身发生了很大变化。小学六年级的时候，我决心参加学校儿童会的选举。由于在那之前，我几乎并不怎么受人关注，因此，丝毫没有想过要参与什么选举之类的事情，但那时候却突然觉得"如果这次做了与之前不同的事情，人生或许会改变吧"。实际上，在这之后，我的性格确实发生了变化，这段记忆至今我仍然记得非常清楚。

像这样，也有人会在人生中对生活方式也就是性格进行多次选择。"性格是自己选择的结果。如果是这样的话，或许就能够改变"——能够这么想是非常重要的关键点。倘若认为性格属于与生俱来，那就无法改变了。可是，虽然改变性格很困难，但我觉得正因为我们认为性格能够改变，才有了生存价值和生存意义。

觉得"讨厌这样的自己"的人，倘若有人跟其说"你的生活方式（性格）绝对无法改变"的话，那此人就只能陷入绝望了，但阿德勒在某种意义上乐观地认为谁都可以改变性格。

阿德勒心理学说"心理辅导是再教育"。"再教育"是指学习之前不知道的生活方式来重新生活，或者获得与之前不同的新想法。治疗、教育和育儿，倘若没有"人能够改变"这一前提，或许就很难发现其中的意义。

19 世纪的哲学家克尔凯郭尔说道，他将以某种形式悔过之前的生活方式并发现新的信仰称为"悔悟"，并且说"悔悟是慢慢发生的。必须与之前走的路完全相反。悔悟并不会一蹴而就，还有可能会倒回去，因此要心怀敬畏、小心翼翼地致力其中"。

性格也是一样。据传，迫害基督教徒的犹太教徒保罗坠马之后幡然悔悟。但是，比起像保罗那样经历了戏剧性事件而突然改变，还是一点点地逐渐改变更好一些，而且，即使认为自己已经改变了，但有时也会回到原来的状态。甚至可以说这个世上的事情大多如此，变化需要花费时间，但回到原处却是一瞬间的事。

改变性格的决心和要素

阿德勒在被人问到"人什么时候开始改变会太晚"的时候，他回答说"也许是死前一两天吧"。也就是说，只要不是在临死之前，什么时候都可以变化。说"变化"也许并不准确，准确的说法应该是"决心改变"。只要有决心，就能够改变。讲得极端一点的话，现在，你在读着这本书的这一瞬间，倘若想要改变也能够改变。

人由自己选择生活方式，倘若有必要，随时可以改变，但人也并非毫无原因地选择某种生活方式。改变性格的决定因素只有一个，那就是"木人的决心"。虽说如此，影响其决心的要素却有很多。

例如，首先被考虑到的就是遗传因素的影响。但是，阿德勒自身并不怎么重视遗传因素。对此，他是这么说的。

遗传问题并没有那么重要。重要的不是遗传了什么，而是如何去利用这种幼时便被遗传过来的因素。

（《阿德勒心理学讲义》）

阿德勒心理学不是"所有心理学"，而是"使用心理学"。

不过，阿德勒心理学也谈到了"器官劣等性"之类的，肯定会对生活方式形成产生重大影响的身体障碍。但是，并非因为有器官劣等性，大家就都会形成相同的生活方式。这其中既有依赖性非常强的人，也有很自立的人。虽然成为什么样的性格是由本人决定的，但周围的大人倘若不去有意识地帮助其学习独立，或许孩子就无法变得自立。

第六章已经说过了，"兄弟姐妹位次"是对性格形成产生重大影响的要素。亲子关系当然也很重要，但阿德勒认为一个人在兄弟姐妹中的排行对其性格形成的影响会更大。

另一个就是被称为"家庭价值"的要素，一个人的性格形成也会深受其家庭看重的价值观影响。例如，成长在认为学历非常重要的家庭里的人就必须去考虑是认同还是反对其父母的价值观。如果有父亲和母亲都非常看重的价值观，那种"家庭价值"就会变得非常强大，而若只有母亲或父亲一方看重的话，就不会成为那么强大的价值。

再有就是"家庭氛围"。这是指家庭规则的决定方式，在决定什么事的时候要经过什么样的程序，这也会对一个人的性格形成产生重大影响。它比"家庭价值"更具有无意识性，往往是在不知不觉间形成的，因此，两个"家庭氛围"不同的年轻人在结婚后就会产生很大的问题。各自的"家庭氛围"如何，也就是说，在什么样的家庭中成长，那个家庭有什么样的决策方式，家庭氛围完全不同的人开始一起生活时往往会出现一些问题。

还有"文化影响"。人肯定会受自己生长的国家和地方文化的影响。在这个国家，如果认为"感受空气很重要"，"和"⊖与"秩序"就会得到重视（我并非说这样就好），生长于这种文化中，就会在不知不觉间受到影响。

最后是"外来影响"，成长过程中会有一些意想不到的外来影响，有时会对生活方式产生重大影响。发生在京都的放火杀人事件的嫌疑犯后来说"从来没有被人这么和善地对待过"。对过去的他来说，他人是自己的敌人而非同伴，经历过因患重病而受到医疗人员精心治疗这件事，也许会对他的生活方式形成产生重大影响。

虽然生活方式基本上是自己选择的结果，但却有对其形成产生重大影响的要素，首先要了解这一点。

生活方式无法"轻易"改变

前面写到生活方式也就是性格倘若有必要随时可以改变，但一经选定的生活方式却无法"轻易"改变。

对此，阿德勒是这么说的。

即便是这种（给予人生的）意义出现了重大错误，抑或是我们对待问题或课题的错误探索造成了接连不断的不幸，我们依然

⊖　日本的"和"文化。——译者注

不会放弃它。我们关于人生意义认识中的错误只能通过重新思考导致错误理解出现的状况，承认错误，重新审视统觉来加以修正。

（《自卑与超越》）

所谓"统觉"是指主观性的想法。也就是说，人总是会按照自己的生活方式来思考他人或事件。

例如，假设有一个人的生活方式是认为在人生中"必须追求权力"。但是，出现在这个人面前的人也许会采取令试图追求权力的人意想不到的对待方式。

正接受着阿德勒诊断的某位患者突然动手殴打阿德勒，但阿德勒并未对此做出抵抗。阿德勒说，那个患者是因为玻璃破碎而受了伤，我为其治疗，通过这件事情，那个患者又重新获得了"生存勇气"。在那之前，他认为自己不会被任何人接纳，但因为即便遭受殴打，阿德勒也毫不抵抗而且并未改变友好的态度，所以，这个患者通过自己不是被拒绝而是被接纳的这次经历，改变了对他人的看法。

但是，很多情况下，因为人会优先考虑自己的生活方式，所以并不能那么简单地改变原有的生活方式。一般说来，即便是遇到就像在那名患者眼前的阿德勒一样、具有与之前不同的待人方式的人，也会将其视作与自己生活方式不同的人，并认为其只是一个例外。

例如——这是我经常问学生的一个问题——假设对面走来一个自己对其怀有善意，如果有机会也想将自己的想法告诉对方的人，正要与那个人擦肩而过的时候，对方如果瞥开了眼睛的话，你会如何理解、对待这种情况呢？

很多人并不把这种情况往好的方面想，认为自己"遭到了嫌弃"或者"受到了无视"等。但是，有一个学生却认为"因为是风很强烈的日子，也许是隐形眼镜稍微歪斜了，所以才会在擦肩而过的瞬间偶然瞥开了眼睛"。还有另一个学生——我只是对情况做了说明，完全没有掺入自己的理解——说"因为那个人对自己有意思，所以才会由于不好意思而不看自己这边"。

这就是阿德勒所说的"统觉"。像这样，人人都有各自对这个世界的理解，也就是生活方式，全都会按照自己的生活方式去思考事物。诸如"遭到了嫌弃"或者"受到了无视"之类，悲观地认为别人对自己不好，即便知道这么想无益，但由于已经习惯了这样思考问题，或者由于如果不按照之前的思维方式生活就无法预料到接下来会发生什么，还会有人下定决心不做改变，这倒也没有什么不可思议。

倘若形成了与之前不同的生活方式，就不知道下一个瞬间会发生什么。一旦认为"那个人对我怀有善意"，就必须要踏出下一步。但是，如果认为"这个人在躲避我"，人际关系则会就此结束。有的人会认为与其置身因涉入新的人际关系而产生的摩擦之中，倒不如不再继续加深关系。不具有继续前进勇气的人往往不愿去改变生活方式。

植根于"共同体感觉"的生活方式

那么，如何才能改变生活方式呢？

要想改变生活方式，首先必须放弃"不愿改变"的决心。来进行心理咨询的人即便嘴上说"想要改变自己"，但本人并不真心想要改变的时候，我会对其说"并非不能改变，而是不想改变吧"。因此，重要的是首先要下定决心去改变。

其次，必须知道能够选择什么样的生活方式。因为，倘若不明白可以如何去改变，那就无法改变。那么，阿德勒建议大家选择什么样的生活方式呢？那就是植根于"共同体感觉"的生活方式。

这具体是什么呢？可以通过"同伴"一词进行说明。"同伴"在德语中是Mitmenschen。"mit"是"一同""一起"的意思，"menschen"是"人人"的意思。总之，"共同体感觉"（Mitmenschlichkeit）是指人与人相联系、相连接的状态。

实际上，我们无法一个人独自生存。人势必要与他人相联系。有的人往往会视他人为敌人而非同伴，但即使是这样的人，将他人看作敌人这件事本身，可以说就已经置身于与他人的联系之中了。因为，倘若一个人可以独自生存，区分同伴或敌人本身就没有意义了。

共同体感觉具有普遍合理性，只有借助某种形式将其正当化，才可以用来指导行为。

例如，当想要不去公司上班，或者，如果是年轻人想要不去学校上学的时候，倘若是完全不考虑他者的人，往往能够满不在乎地休假。但是，不可以这么做。因为，我们并不是一个人独自活着。休假的时候，必须跟工作单位或学校联络，并且，那种时候，还需要对方和自己都能够信服的理由。在这个意义上来讲，我们都生活在人与人之间的联系之中。

我们在判断人的时候，只能以共同体感觉这一理念为基准，将那个人的整体态度、思维、行为与之相对照来进行衡量。

阿德勒认为在判断、评价"那个人是这样的人"时，我们会不断地考虑也必须考虑"这个人是否具有共同体感觉"。

并且，阿德勒说在与他人的联系中，不能只接受他人的给予，还必须为他人做出贡献。

被人问到孩子应该是在什么时候起开始对人生或者他人做出贡献的阿德勒回答说，"在出生之后的半小时以内"。

所谓对人生做出贡献，我认为也可以说成是对他人做出贡献。

他者贡献是共同体感觉的实质，被人问到孩子应该是在什么时候起开始对人生或者他人做出贡献的阿德勒回答说，"在出生之后的半小时以内"。

听起来也许是非常极端的观点。但是，孩子出生之后，母亲与孩子之间马上便会产生一种合作关系，这是阿德勒的一个基本观点。

吮吸母乳并非弗洛伊德所认为的施虐性行为，而是母亲与孩子之间的合作行为。

吮吸母乳这件事，孩子如果不与母亲合作就无法做到。阿德勒认为，我们必须培养他者贡献意义上的"共同体感觉"，并且，我们还应该形成具备这种"共同体感觉"的性格。

不要逃避人生课题

关于那些试图逃避人生课题的人，阿德勒这么说。

从那样的人在课题周围制造出来的弯道中，可以看到其懒惰、懒散、频繁换工作（改行）、行为不良化等生存方式的特征。有的人甚至会将态度决定表现在行为举止中，歪着身子走路，总是像蛇一样改变方向。这并不是偶然。这样的人多少是经过慎重考虑的，他（她）们往往具有试图逃避自己必须解决的重要课题这一倾向。

　　人生有无法逃避的课题。尤其是人际关系很麻烦，与人发生牵连的话，往往就会产生某种形式的摩擦，因此，阿德勒说"一切烦恼皆为人际关系的烦恼"。工作或学习也是必须面对的人生课题。

　　因此，很多人在这些课题面前，多少想要与之保持距离。因为害怕由于与人来往而受伤或者得不到想要的结果。这个时候，往往就会找出使不致力于课题正当化的理由，或者是，在致力于课题之后，搬出使无法完成课题正当化的理由。

　　就像在前面的章节看到的一样，这种时候作为"理由"被搬出的常常是"性格"。可以说是因为性格消极而不擅长于与人打交道，不想在工作中得出结果的人则会说是由于性格懒惰而无法着手工作并试图借此逃避。

　　无论是哪种情况，这或许都是想说因为性格而无法改变。但是，性格是可以改变的，如今理解了这一点的人就不能以性格作为理由去逃避课题了。不想在人际关系中受伤，这种心情可以理解。但是，生存的喜悦和幸福都只能在人际关系中获得，这也是事实。关于在工作中害怕得出结果的情况，我们也只能在得出结果的基础上去思考怎么做。因为比起过于害怕失败而束手不干，我认为还是致力于课题之后的失败更好一些。

　　人生并不只会发生一些可怕的事情。只要稍微拿出一点儿毫不逃避地致力于课题的勇气，人生就一定会发生变化。

后 记

　　本书是在 NHK 文化中心京都学习班于 2020 年 7 月至 12 月期间举办的"性格心理学"讲座的汇编。在场的听讲者很多，据此也可以看出人们对性格的关注度之高。

　　这场讲座其实也是对阿德勒《性格心理学》的解读。阿德勒的功绩在于将心理学从决定论中解放出来，重新找回了人的尊严。阿德勒认为性格并非与生俱来而是自己主动选择的结果，对此很多人都感到非常震惊。

　　在进行心理咨询的时候，很多人会拿着谈论性格的书说"我就是这本书中写的性格"，但本书的意图并不是将人的性格进行分类并让人可以对号入座以求安心。本书不仅仅是有助于读者了解自己的性格，我们还结合具体事例思考了如何改变性格。

　　尽管如此，阿德勒也说"认识并改变自己对人来说是非常困难的事情"（《理解人性》）。因此，讲座之后的答疑环节气氛异常活跃。本书中也收录了其中的部分问题交流。

　　要想看到自己的脸，我们需要镜子。期待本书能够带给大家认识并改变自我的勇气。

岸见一郎